普通高等教育“十三五”规划教材

机械设计实验教程

第2版

主　编　肖艳秋　李安生　党玉功

参　编　王国欣　张燕燕　郭志强

主　审　王良文

机械工业出版社

本书由机械设计认识、螺栓连接、带传动、齿轮传动效率及齿轮疲劳、机械传动性能综合测试、动压滑动轴承、滚动轴承、轴系结构设计与分析和减速器拆装九个实验项目组成，基本上涵盖了目前普通工科院校开设的机械设计实验。在实验项目的编排上，力求在培养学生动手能力、机电一体化结合能力、创新能力等方面有所突破。在传统实验教学与计算机应用相结合、单一实验内容与多学科、多章节知识相结合、机与电测试相结合等方面进行了一些探索。每章实验项目前面均附有说明，简要介绍了实验内容、实验属性、适用范围及建议学时，并附有实验报告。任课教师可根据不同专业的需求对书中所列实验项目进行选择。

本书主要作为高等院校机械类及近机械类的“机械设计”课程实验专用教材，也可供其他有关专业的师生和工程技术人员参考。

图书在版编目（CIP）数据

机械设计实验教程/肖艳秋，李安生，党玉功主编. —2版. —北京：机械工业出版社，2017.12（2023.12重印）

普通高等教育“十三五”规划教材

ISBN 978-7-111-58514-5

Ⅰ.①机… Ⅱ.①肖… ②李… ③党… Ⅲ.①机械设计-实验-高等学校-教材 Ⅳ.①TH122-33

中国版本图书馆CIP数据核字（2017）第283183号

机械工业出版社（北京市百万庄大街22号 邮政编码100037）

策划编辑：舒 恬 责任编辑：舒 恬 赵亚敏 责任校对：刘雅娜

封面设计：张 静 责任印制：常天培

北京机工印刷厂有限公司印刷

2023年12月第2版第5次印刷

184mm×260mm · 8印张 · 190千字

标准书号：ISBN 978-7-111-58514-5

定价：19.80元

前言

“机械设计”课程是我国高等工科院校中机械类、近机械类各专业必修的一门专业基础课。根据《机械设计课程教学大纲》的要求，实验是该门课程重要的实践教学环节。通过实验教学，学生可以了解和掌握机器的基本组成要素——机械零件在各类机械中的功用、性能及其测试方法，为专业课程的学习提供必要的知识储备。

近年来，“机械设计”课程的实验设备、方法和手段均有很大变化，《机械设计课程教学大纲》对实验的要求较以往也有较大改变，根据目前工科院校实验室设备情况，本书第2版在上一版选入的机械设计认识、螺栓连接、带传动、齿轮传动效率及齿轮疲劳、机械传动性能综合测试、动压滑动轴承、轴系结构设计与分析和减速器拆装八个实验项目外，新增了滚动轴承实验，还对上一版使用过程中发现的问题进行了修订，并根据设备变化情况更新了内容。在传统实验教学与计算机应用相结合、单一实验内容与多种知识相结合、机与电测试相结合等方面进行了一些探索，力求在培养学生动手能力、机电一体化结合能力、创新能力等方面有所突破。书中每章实验项目前面均附有说明，简要介绍了实验内容、实验属性、适用范围及建议学时，任课教师可根据不同专业的需求对书中所列实验项目进行选择。

本书第一章、第二章、第九章由郑州轻工业学院肖艳秋编写，第三章、第六章、第八章由河南科技大学党玉功编写，第四章、第五章、第七章由郑州轻工业学院李安生编写。河南科技大学的王国欣、郑州轻工业学院的郭志强、黄河科技学院的张燕燕等老师对书中插图的收集和美化、内容的检查等做出了贡献。全书由肖艳秋、李安生、党玉功共同主编，李安生主持统稿。

本书承郑州轻工业学院的王良文教授精心审阅，提供了很多宝贵意见，特致以衷心感谢。

本书在编写过程中，得到了河南科技大学、郑州轻工业学院等院校教务及教材部门的大力支持，上述院校的相关任课老师也对教材提出了很多宝贵意见，在此深表感谢。同时在编写过程中参阅了多家教学设备生产厂商编制的设备说明书等技术资料，在此一并表示感谢。

由于编者水平所限，书中错误和不当之处在所难免，敬请广大同仁和读者批评指正。

编　者

目录

第一章　机械设计认识实验

说明

1）本实验项目为“机械设计”“机械设计基础”等课程的认知环节，基本包含了教材上讲授的所有零部件，对增强学生理论联系实际的能力、加强对真实零部件的感性认识等方面很有帮助。

2）建议不占用课内实验学时，安排在任课教师带领学生进行现场教学或学生进行课外科技活动的时间较好。

一、实验目的

1）初步了解“机械设计”课程所研究的各种常用零件的结构、类型、特点及应用。

2）了解各种标准零件的结构形式及相关的国家标准。

3）了解各种传动的特点及应用。

4）增强对各种零部件的结构及机器的感性认识。

二、实验方法

学生通过对实验指导书的学习及观察“机械零件陈列柜”中展示的各种零件，在教师的指导下，认识机器常用的基本零件，使理论与实际联系起来，逐步增强对机械零件的感性认识，并通过展示的机械设备、机器模型等，更清楚地了解机器的基本组成要素——机械零件。

三、注意事项

1）设备使用完毕后应将日光灯开关和动作开关全部拨至 OFF 位置，并切断室内通往陈列柜的电源。

2）每次只能揿动一只动作开关，观察完毕后应立即将开关拨至 OFF 位置，切勿同时将所有开关拨至 ON 位置，否则会烧毁供电变压器，造成故障。

四、实验内容

（一）螺纹连接

螺纹连接是利用螺纹工作的，主要用作紧固零件。其基本要求是保证连接强度及连接可靠性，同学们应了解如下内容：

1. 螺纹的类型（图 1-1）

根据牙型，螺纹可分为普通螺纹、梯形螺纹、矩形螺纹、锯齿形螺纹；根据母体形状，螺纹可分为圆弧管螺纹、55°非密封管螺纹、55°密封管螺纹；根据螺旋线旋向，可分为左旋螺纹和右旋螺纹；根据螺旋线的条数，可分为单线螺纹、双线螺纹和三线螺纹。

2. 螺纹连接的基本类型（图 1-1）

螺纹常用的连接类型有普通螺栓连接、双头螺柱连接、螺钉连接及紧定螺钉连接。

3. 螺纹连接件（图 1-1）

螺纹连接件主要包括螺栓、螺柱、螺钉、紧定螺钉、螺母、垫圈。

4. 螺纹连接的防松（图 1-2）

防松的目的在于防止螺旋副在受载时发生相对转动。按其工作原理，防松的方法可分为摩擦防松、机械防松及破坏螺旋副运动关系防松等。摩擦防松简单、方便，但没有机械防松可靠。常见的摩擦防松方法有对顶螺母、收口防松螺母、开缝收口、尼龙圈防松螺母、弹簧垫圈、锁紧垫圈等；机械防松方法有止动垫圈、开口销与六角开槽螺母、串联钢丝、止动垫圈与圆螺母等。对于重要的、特别是在机器内部的不易检查的连接，应采用机械防松。

5. 克服偏载的方法（图 1-2）

一般采用斜垫圈、凸台、沉头坑等措施克服偏载。

6. 横向载荷的减载装置（图 1-2）

常用的横向载荷减载装置有减载键、减载销、减载套筒等。

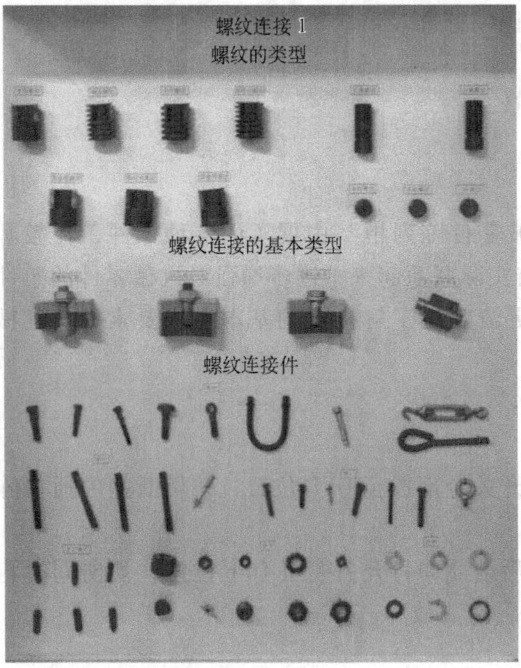

图 1-1　螺纹连接展柜 1

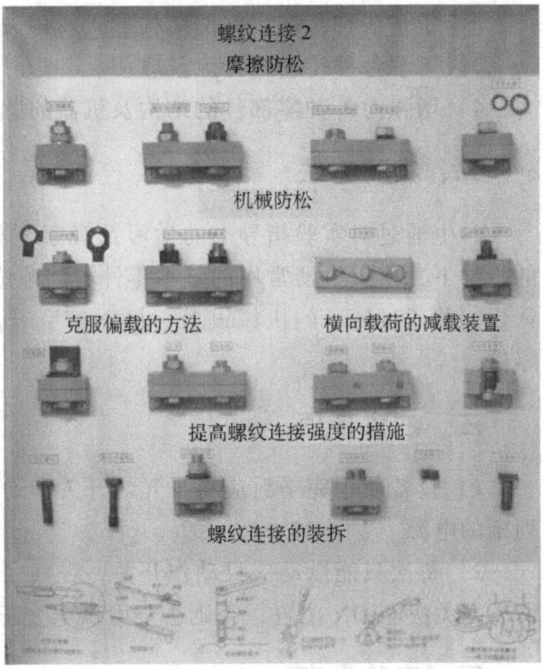

图 1-2　螺纹连接展柜 2

7. 提高螺纹连接强度的措施（图 1-2）

1）受轴向变载荷的紧螺栓连接，一般是因疲劳而破坏。为了提高疲劳强度，减小螺栓刚度，可采用适当增加螺栓长度、使用腰状杆螺栓或空心螺栓等方法。

2）不论螺栓连接的结构如何，所受的拉力都是通过螺栓和螺母的螺纹相接触来传递的。由于螺栓和螺母的刚度与变形的性质不同，各圈螺纹上的受力也是不同的。为了改善螺纹上载荷分布不均的程度，常采用悬置螺母或钢丝螺套来减小螺栓旋合段受力较大的几圈螺纹的受力面。

3）为了提高螺纹连接强度，还应减小螺栓头部和螺栓杆过渡处所产生的应力集中，可采用较大的过渡圆角和卸载结构。在设计、制造和装配上应力求避免螺纹连接产生附加弯曲应力，以免降低螺栓强度。

4）采用合理的制造工艺方法，以提高螺栓的疲劳强度。如采用冷镦螺栓头部和滚压螺纹的工艺方法，或采用表面氮化、氰化、喷丸等处理工艺都是行之有效的。

8. 螺纹连接的装拆（图 1-2）

介绍了几种装拆工具及其正确与错误的使用方法。

在掌握上述内容的基础上，通过参观螺纹连接展柜，应做到：

1）能区分普通螺纹、管螺纹、梯形螺纹和锯齿形螺纹；

2）能认识普通螺栓、双头螺柱、螺钉及紧定螺钉连接；

3）能认识摩擦防松与机械防松；

4）能了解连接螺栓的光杆部分做得比较细的原因。

（二）标准连接零件

标准连接零件一般是由专业企业按国家标准（GB）成批生产、供应市场的零件。这类零件的结构形式和尺寸都已标准化，设计时可根据有关标准选用。通过实验，学生应能区分螺栓与螺钉；了解各种标准化零件的结构特点、使用情况；了解各类零件有哪些标准代号，以提高学生的标准化意识。

1. 螺栓

螺栓一般是与螺母配合使用，以连接被连接零件，而无需在被连接的零件上加工螺纹。其连接结构简单、装拆方便、种类较多、应用最为广泛。有关的国家标准有：GB/T 5782—2016 六角头螺栓；GB/T 31.1—2013、GB/T 31.2—1988、GB/T 31.3—1988 六角头螺杆带孔螺栓；GB/T 8—1988 方头螺栓；GB/T 27—2013 六角头铰制孔用螺栓；GB/T 37—1988 T 型槽用螺栓；GB/T 799—1988 地脚螺栓及 GB/T 897—1988 ~ GB/T 900—1988 双头螺柱等。

2. 螺钉

螺钉连接不用螺母，而是紧定在被连接件之一的螺纹孔中。其结构与螺栓相同，但头部形状较多，以适应不同装配要求，常用于结构紧凑的场合。其国家标准有：GB/T 65—2016 开槽圆柱头螺钉；GB/T 67—2016 开槽盘头螺钉；GB/T 68—2016 开槽沉头螺钉；GB/T 818—2016 十字槽盘头螺钉；GB/T 819.1—2016 十字槽沉头螺钉；GB/T 820—2015 十字槽半沉头螺钉；GB/T 70—2000 内六角圆柱头螺钉；GB/T 71—1985 开槽锥端紧定螺钉；GB/T 73—1985 开槽平端紧定螺钉；GB/T 74—1985 开槽凹端紧定螺钉；GB/T 75—1985 开槽长圆柱端紧定螺钉；GB/T 834—1988 滚花高头螺钉；GB/T 77—2007 ~ GB/T 80—2007 各种内六角紧定螺钉；GB/T 83—1988 ~ GB/T 86—1988 各类方头紧定螺钉；GB 845—1985 ~ GB 847—1985 各类十字自攻螺钉；GB/T 5282—1985 ~ GB/T 5284—1985 各类开槽自攻螺钉；GB/T 6560—2014 ~ GB/T 6561—2014 各类十字头自攻锁紧螺钉；GB/T 825—1988 吊环螺钉等。

3. 螺母

螺母形式很多，按形状可分为六角螺母、四方螺母及圆螺母；按连接用途可分为普通螺母、锁紧螺母及悬置螺母等。应用最广泛的是六角螺母及普通螺母。其国家标准有：GB/T 6170—2015、GB/T 6171—2016、GB/T 6175—2016、GB/T 6176—2016 1 型及 2 型 A、B 级六角螺母；GB/T 41—2016 1 型 C 级六角螺母；GB/T 6172.1—2016 A、B 级六角薄螺母；

GB/T 6173—2015 A、B 六角薄型细牙螺母；GB/T 6178—1986、GB/T 6180—1986 1，2 型 A、B 级六角开槽螺母；GB/T 9457—1988、GB/T 9458—1988 1、2 型 A、B 级六角开槽细牙螺母；GB/T 56—1988 六角厚螺母；GB/T 6184—2000 六角锁紧螺母；GB/T 39—1988 方螺母；GB/T 806—1988 滚花高螺母；GB/T 923—2009 盖形螺母；GB/T 805—1988 扣紧螺母；GB/T 810—1988、GB/T 812—1988 圆螺母及小圆螺母；GB/T 62.1—2004 蝶形螺母等。

4. 垫圈

垫圈种类有平垫圈、弹簧垫圈及锁紧垫圈等。平垫圈主要用于保护被连接件的支承面，弹簧及锁紧垫圈主要用于摩擦和机械防松场合。其国家标准有：GB/T 97.1—2002 ~ GB/T 97.2—2002、GB/T 95—2002、GB/T 96.1，96.2—2002、GB/T 5286—2001 各类大、小及特大平垫圈；GB/T 852—1988 工字钢用方斜垫圈；GB/T 853—1988 槽钢用方斜垫圈；GB/T 861.1—1987 及 GB/T 862.1—1987 内齿、外齿锁紧垫圈；GB/T 93—1987、GB/T 7244—1987、GB/T 859—1987 各种类弹簧垫圈；GB/T 854—1988、GB/T 855—1988 单耳、双耳止动垫圈；GB/T 856—1988 外舌止动垫圈；GB/T 858—1988 圆螺母止动垫圈。

5. 挡圈

挡圈常用于固定轴端零件。其国家标准有：GB/T 891—1986 ~ GB/T 892—1986 螺钉、螺栓紧固轴端挡圈；GB/T 893.1—1986、GB/T 893.2—1986 A 型、B 型孔用弹性挡圈；GB/T 894.1—1986、GB/T 894.2—1986 A 型、B 型轴用弹性挡圈；GB/T 895.1—1986、GB/T 895.2—1986 孔用、轴用钢丝挡圈；GB/T 886—1986 开口挡圈等。

（三）键、花键和销连接

1. 键连接（图 1-3）

键是一种标准零件，通常用来实现轴与轮毂之间的周向固定，以传递转矩，有的还能实现轴上零件的轴向固定或轴向滑动的导向。其主要类型有平键、半圆键、楔键、导向平键、滑键和切向键连接。各类键使用的场合不同，键槽的加工工艺也不同。键的类型可根据键连接的结构特点、使用要求和工作条件来选择，键的尺寸则应按标准规格和强度要求来取定。其国家标准有：GB/T 1096—2003 ~ GB/T 1099—2003 各类普通型平键、导向型平键及各类半圆键；GB/T 1563—2003 ~ GB/T 1567—2003 各类楔键及薄型平键等。

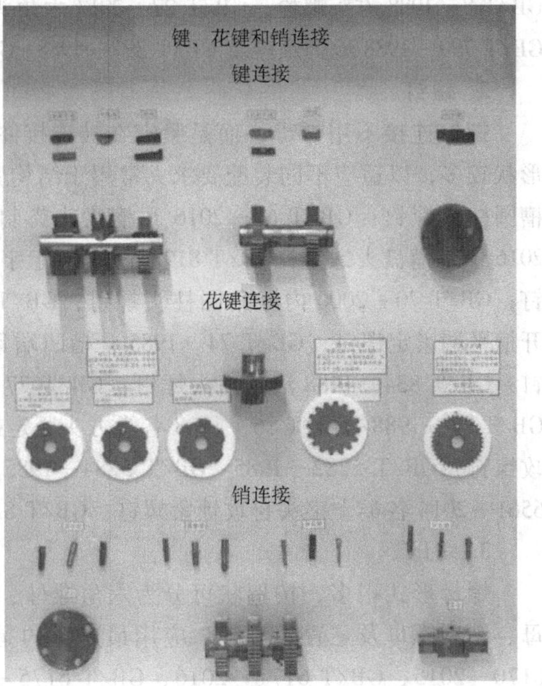

图 1-3　键、花键和销连接展柜

2. 花键连接（图 1-3）

花键连接是由外花键和内花键组成，适用于定心精度要求高、载荷大或经常滑移的连接。花键连接可用于静连接或动连接，其齿数、尺寸，配合等均按标准选取。花键按其齿形可分为矩形花键（GB/T 1144—2001）和渐开线形花键（GB/T 3478.1—2008）。矩形花键由于有多齿工作，承载能力高、对中性好、导向性好、齿根较浅、应力集中较小、轴与毂强度削弱小等优点，广泛应用在飞机、汽车、拖拉机、机床及农业机械的传动装置中；渐开线形花键受载时，齿上有径向力，能起到定心作用，使各齿受力均匀，有强度高、使用寿命长等特点，主要用于载荷较大、定心精度要求较高以及尺寸较大的场合。另外还有三角形花键，它的齿数较多，键齿较细，对轴的强度削弱较小，适用于轻载和直径小的静连接，特别适用于轴与薄壁零件的连接。展示柜还针对各种花键列出了定心方法。

3. 销连接（图 1-3）

销主要用来固定零件之间的相对位置时，称为定位销，它是组合加工和装配时的重要辅助零件；用于连接时，称为连接销，可传递不大的载荷；作为安全装置中的过载剪断元件时，称为安全销。

销有多种类型，如圆柱销、圆锥销、异形销、安全销等，这些销均已标准化，它们的主要国标代号有：GB/T 119.1，119.2—2000、GB/T 878—2007、GB/T 879.1—2000、GB/T 117—2000、GB/T 118—2000、GB/T 881—2000、GB/T 877—1986 等。

各种销都有各自的特点，如圆柱销经多次拆装其定位精度和可靠性会降低；锥销在受横向力时可以自锁、安装方便、定位精度高、多次拆装不影响定位精度等。

在参观展柜时，同学们要仔细观察以上几种连接的结构特点和使用场合，并能认识和区分以上各类零件。

（四）铆接、焊接、粘接和过盈连接（图 1-4）

铆接、焊接、粘接和过盈连接都属于静连接。

铆接主要是由连接件铆钉和被连接件组成，有的还有辅助连接件盖板。这些基本元件在构造物上所形成的连接部分统称为铆接缝（铆缝）。展示柜展示了常用铆钉的类型。铆缝按接头的不同，可分为搭界缝、单搭板对接缝、双搭板对接缝和组合接头等。

焊接以电焊应用最广泛。展示柜展示了常见坡口形式以及焊接方法——搭接、对接、角接等。

粘接（胶接）是利用胶粘剂在一定条件下把预制的元件连接在一起，并具有一定的连接强度。粘接接头的典型结构主要有板接、管接和角接。

过盈连接是利用零件间的过盈配合来达到连接目的的。这里展示了圆柱面过盈连接和圆锥面过盈连接。

（五）机械传动

机械传动有链传动、齿轮传动、蜗杆传动、螺旋传动、带传动等类型。各种传动都有不同的特点和使用范围，这些传动知识在学习“机械设计”课程时都会详细讲授。在这里主要通过实物观察，增加同学们对各种机械传动知识的感性认识，为今后理论学习及课程设计打下良好基础。

1. 链传动

链传动（图 1-5）是由主动链轮齿带动链后再通过链带动从动链轮，属于带有中间挠性件的啮合传动。与属于摩擦传动的带传动相比，链传动无弹性滑动和打滑现象，能保持准确的平均传动比，传动效率高。链传动按用途不同可分为传动链传动、输送链传动和起重链传动。输送链和起重链主要用在运输机械和起重机械中，而传动链常用在一般机械传动中。

传动链有短节距精密滚子链（简称滚子链）、齿形链等种类。

在滚子链中为使传动平稳、结构紧凑，宜选用小节距单排链；当速度高、功率大时则选

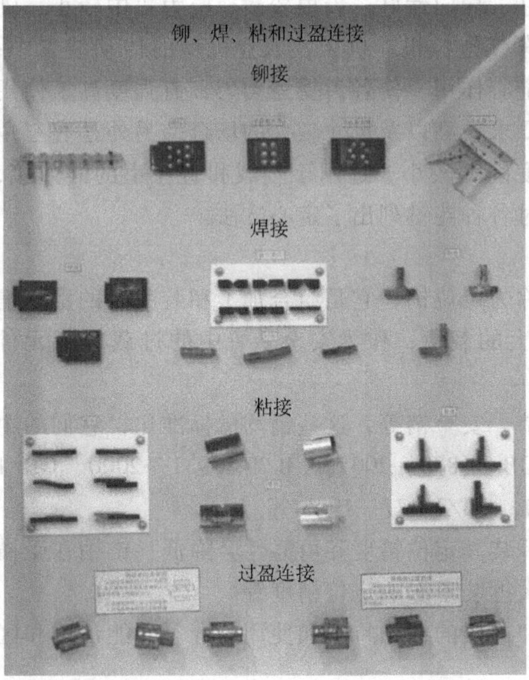

图 1-4　铆接、焊接、粘接和过盈连接展柜

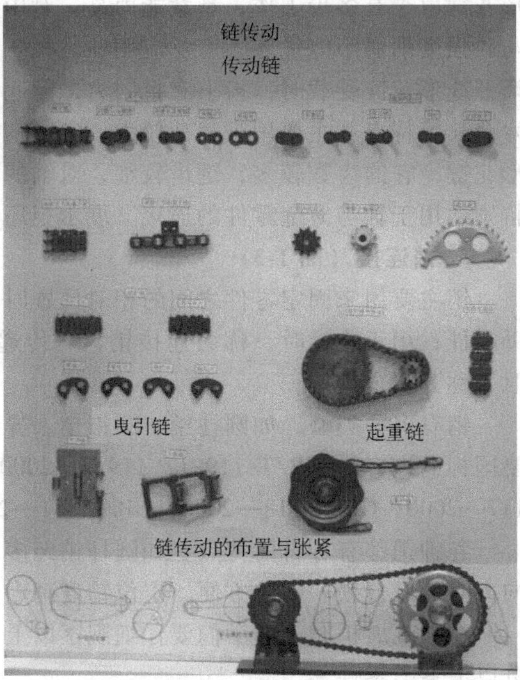

图 1-5　链传动展柜

用小节距多排链。

齿形链又称无声链，它是由一组带有两个齿的链板左右交错并列铰接而成。齿形链设有导板，以防止链条在工作时发生侧向窜动。与滚子链相比，齿形链传动平稳、无噪声、承受冲击性能好、工作可靠。

链轮是链传动的主要零件，链轮齿形已标准化（GB/T 1243—2006、GB/T 10855—2016）。链轮设计主要是确定其结构尺寸、选择材料及热处理方法等。

2. 螺旋传动

螺旋传动是利用螺纹零件工作的，作为传动件，要求保证螺旋副的传动精度、效率和磨损寿命等。按其螺纹种类可分为矩形螺纹、梯形螺纹、锯齿形螺纹等；按其用途可分为传力螺旋、传导螺旋及调整螺旋三种；按其摩擦性质可分为滑动螺旋、滚动螺旋及静压螺旋等。

1）滑动螺旋常为半干摩擦，传动时有以下几个特点：①摩擦阻力大、传动效率低（一般为30%~40%）；②结构简单，加工方便，易于自锁，运转平稳，但在低速时可能出现爬行；③螺纹有侧向间隙，反向时有空行程，定位精度和轴向刚度较差，要提高精度必须采用消隙机构；④磨损快。滑动螺旋应用于传力或调整螺旋时，要求自锁，常采用单线螺纹；用于传导时，为了提高传动效率及直线运动速度，常采用多线螺纹（线数 $n=3\sim4$）。滑动螺旋主要应用于金属切削机床进给、分度机构的传导螺纹、摩擦压力机及千斤顶等传动场合。

2）滚动螺旋因螺旋中含有滚珠或滚子，传动时有以下几个特点：①在传动时摩擦阻力小，传动效率高（一般在90%以上）；②有起动力矩小、传动灵活、工作寿命长等优点，但结构复杂，制造较难；③滚动螺旋具有传动可逆性（可以把旋转运动变为直线运动，也可把直线运动变成旋转运动），为了避免螺旋副受载时逆转，应设置防止逆转的机构；④运转平稳，起动时无颤动，低速时不爬行；⑤螺母与螺杆经调整预紧后，可得到很高的定位精度

(6μm/0.3m) 和重复定位精度 (可达 1～2μm)，并可提高螺杆的刚度；⑥工作寿命长、不易发生故障，但抗冲击性能较差。滚动螺旋主要用于金属切削精密机床和数控机床、测试机械、仪表的传导螺旋和调整螺旋，起重、升降机构和汽车、拖拉机转向机构的传力螺旋，以及飞机、导弹、船舶、铁路等自控系统的传导和传力螺旋上。

3) 静压螺旋能够减少螺旋传动的摩擦，提高传动效率，并增强螺旋传动的抗振性能。将静压原理应用于螺旋传动中，制成静压螺旋，其在传动时的特点如下：①因静压螺旋是液体摩擦，摩擦阻力小，传动效率高 (可达 99%)，但螺母结构复杂；②具有传动的可逆性，必要时应设置防止逆转的机构；③工作稳定，无爬行现象；④反向时无空行程，定位精度高，并有较高轴向刚度；⑤磨损小、工作寿命长。静压螺旋在使用时需要一套压力稳定、温度恒定、有精滤装置的供油系统。它主要用于精密机床进给和分度机构的传导螺旋。

3. 齿轮传动 (图 1-6)

齿轮传动是机械传动中最重要的传动之一，形式多、应用广泛。其主要特点是：效率高、结构紧凑、工作可靠、传动比稳定等。它可做成开式、半开式及闭式传动。它的失效形式主要有轮齿折断、齿面点蚀、齿面磨损、齿面胶合及塑性变形等。

常用的渐开线齿轮传动有直齿圆柱齿轮传动、斜齿圆柱齿轮传动、标准锥齿齿轮传动、圆弧齿圆柱齿轮传动等。齿轮传动的啮合方式有内啮合、外啮合、齿轮与齿条啮合等。参观时一定要了解各种齿轮的特征、主要参数的名称及几种失效形式的主要特征，使实验在真正意义上与理论教学产生互补作用。

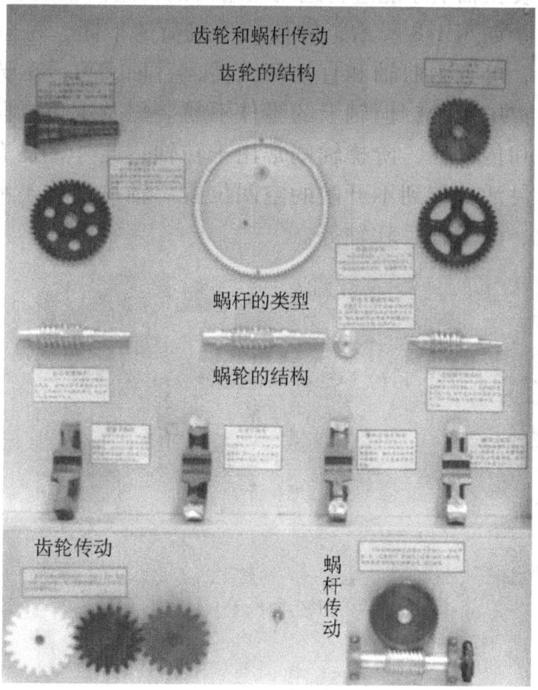

图 1-6　齿轮和蜗杆传动展柜

4. 蜗杆传动 (图 1-6)

蜗杆传动是在空间交错的两轴间传递运动和动力的一种传动机构，两轴线交错的夹角可为任意角，常用的为 90°。

蜗杆传动有下述特点：①当使用单头蜗杆 (相当于单线螺纹) 时，蜗杆旋转一周，蜗轮只转过一个齿距，因此能实现大传动比。在动力传动中，一般传动比 $i=5\sim80$；在分度机构或手动机构的传动中，传动比可达 300；②若只传递运动，传动比可达 1000。由于传动比大，零件数目又少，因而结构很紧凑。在传动中，蜗杆齿是连续不断的螺旋齿，与蜗轮啮合是逐渐进入与逐渐退出，故冲击载荷小，传动平稳，噪声低；③当蜗杆的螺旋线升角小于啮合面的当量摩擦角时，蜗杆传动便可实现自锁；④蜗杆传动与螺旋传动相似，在啮合处有相对滑动，当相对滑动速度很大，工作条件不够好时会产生严重摩擦与磨损，引起发热，摩擦损失较大，效率降低。

蜗杆传动可根据蜗杆形状不同，分为圆柱蜗杆传动、环面蜗杆传动和锥面蜗杆传动。通过实验，同学们应了解蜗杆传动结构及蜗杆减速器的种类和形式。

（六）弹簧（图 1-7）

弹簧是一种弹性元件，它可以在载荷作用下产生较大的弹性变形。它在各类机械中的应用十分广泛，以下四个方面是其主要应用：

1）控制机构的运动，如制动器、离合器中的控制弹簧，内燃机气缸的阀门弹簧等。

2）减振和缓冲，如汽车、火车车厢下的减振弹簧，以及各种缓冲器用的弹簧等。

3）储存及输出能量，如钟表弹簧、枪内弹簧等。

4）测量力的大小，如测力器和弹簧秤中的弹簧等。

弹簧的种类比较多，按承受的载荷不同可分为拉伸弹簧、压缩弹簧、扭转弹簧及弯曲弹簧四种；按形状不同又可分为螺旋弹簧、环形弹簧、碟形弹簧、板簧和平面涡卷弹簧等。每一种类型又可细分为多种形式，同学们观看时要看清各种弹簧的结构、形状，并能与名称对应起来。

（七）轴

轴是组成机器的主要零件之一。一切作回转运动的传动零件（如齿轮、蜗轮等），都必须安装在轴上才能进行运动及动力的传递。轴的主要功用是支承回转零件及传递运动和动力。

如图 1-8 所示，轴按承受载荷的不同，可分为转轴、心轴和传动轴三类；按轴线形状不同，可分为曲轴和直轴两大类，直轴又可分为光轴和阶梯轴。光轴形状简单，加工容易，应力集中点少，但轴上的零件不易装配及定位；阶梯轴正好与光轴相反。所以光轴主要用于心轴和传动轴，阶梯轴则常用于转轴；此外，还有一种钢丝软轴（挠性轴），它可以把回转运动灵活地传到不开敞的空间位置。轴按结构类型不同可以分为齿轮轴、蜗杆轴、花键轴、曲轴、凸轮轴、软轴等。

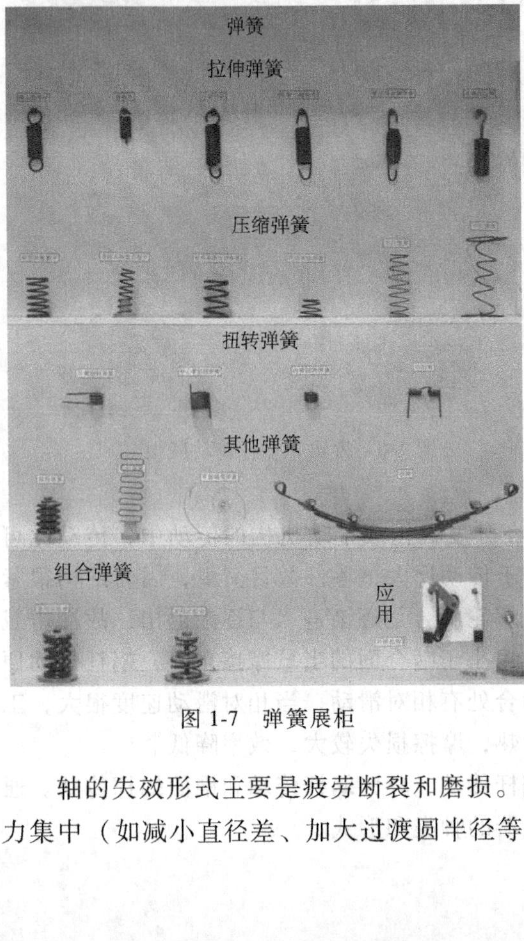

图 1-7　弹簧展柜

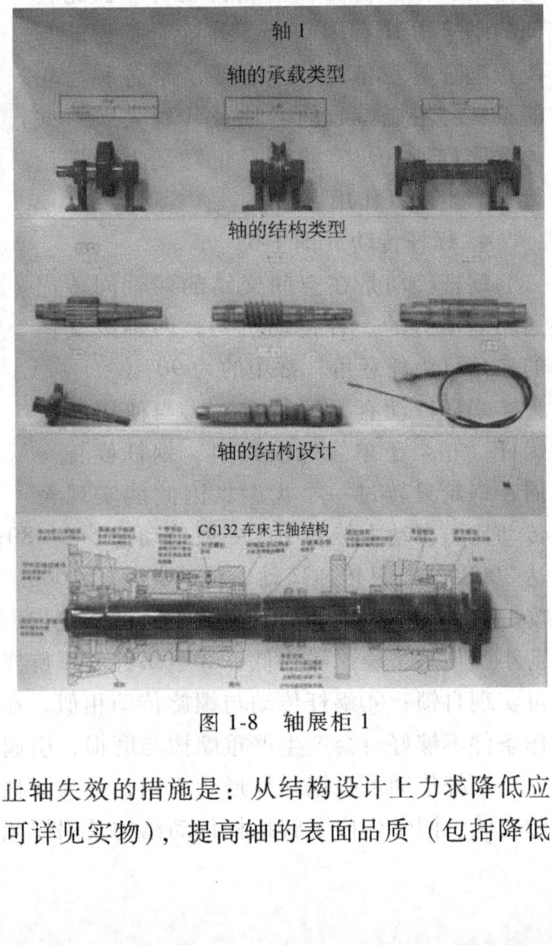

图 1-8　轴展柜 1

轴的失效形式主要是疲劳断裂和磨损。防止轴失效的措施是：从结构设计上力求降低应力集中（如减小直径差、加大过渡圆半径等，可详见实物），提高轴的表面品质（包括降低轴的表面粗糙度值、对轴进行热处理或表面强化处理等)。

轴上零件的定位，主要是轴向和周向固定。轴向固定可采用轴肩、轴环、套筒、挡圈、圆锥面、圆螺母、轴端挡圈、轴端挡板、弹簧挡圈、紧定螺钉等方式；周向固定可采用平键、楔键、切向键、花键、圆柱销、圆锥销及过盈配合等连接方式。另外，轴上零件摩擦力定位方式主要有开槽夹紧连接、轮毂剖分连接、弹性套连接、弹性环连接、弹性盘连接等，如图 1-9 所示。

轴看似简单，但其知识、内容都比较丰富，要完全掌握很不容易，只有通过理论学习及实践知识的积累（多看、多观察），才能逐步掌握。

(八) 机械零件的失效形式（图 1-10）

(1) 残余变形（也称塑性变形）　作用在零件上的应力超过了材料的屈服极限，则零件发生残余变形。

(2) 断裂　零件受拉、压、弯、扭等外载荷作用时，由于某一危险断面上的应力超过零件的强度极限而发生断裂，或者零件在变应力作用下，在危险断面上发生的疲劳断裂。

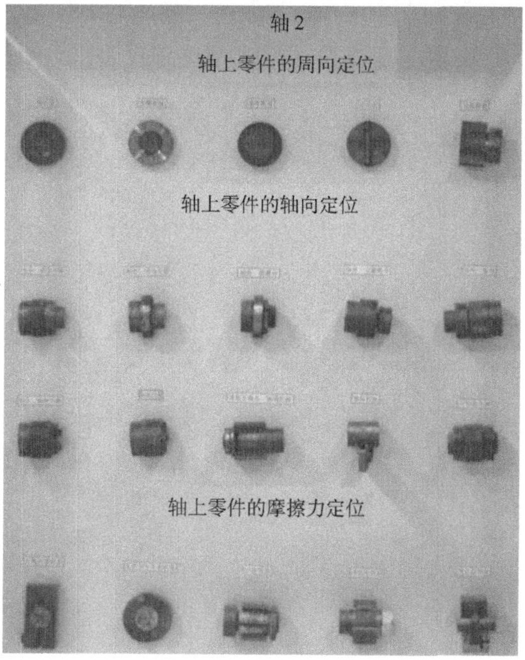

图 1-9　轴展柜 2

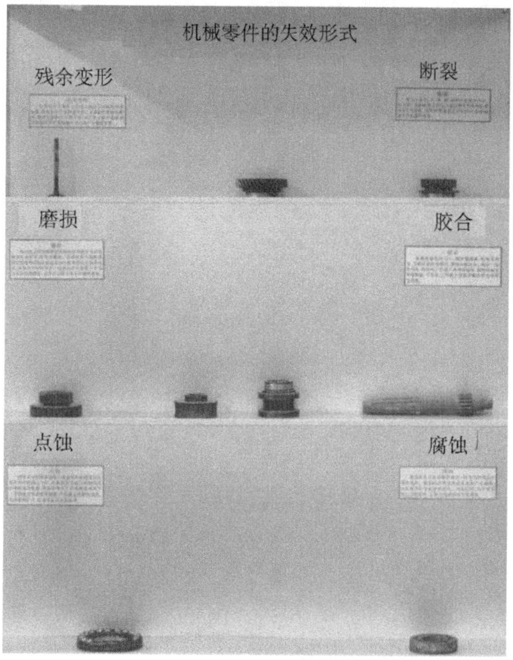

图 1-10　机械零件的失效形式展柜

(3) 磨损　运动副之间的摩擦将导致机件表面材料逐渐损失或转移，即形成磨损。磨损会影响机器的效率，降低工作的可靠性，甚至促使机器提前报废。

(4) 胶合　互相接触的两机件间压力过大，导致瞬时温度过高时，相接触的两表面就会发生粘在一起的现象，同时两接触表面又作相对滑动，粘住的地方即被撕破，于是在接触面上沿相对滑动的方向形成伤痕，就称为胶合。

(5) 点蚀　接触面材料在变化着的接触应力条件下，由于疲劳而产生的麻点状剥蚀损伤现象。

(6) 腐蚀　金属零件处于潮湿的空气中，或与水、汽及其他腐蚀性物质相接触，使表面发生损伤。

五、附录

机械设计认识实验报告

班　级________________ 学　号________________ 姓　名________________
同组者________________ 日　期________________ 成　绩________________

1. 实验目的

2. 思考题回答

1）简述螺纹连接的类型。单线螺纹和多线螺纹在自锁和传动效率方面有什么区别？

2）螺纹连接的放松方法有哪几种？重要场合中常采用何种放松方法？

3）键连接分哪几种？有何作用？

4）何为铆接、焊接、粘接及过盈连接？

5）典型的机械传动有哪几种？各有何特点？

6）简述弹簧的主要类型和功用：

7）简述轴的分类：

8）机械零件的失效形式有哪几种？主要特征是什么？

3. 实验心得、探索和建议

第二章　螺栓连接实验

说明

1）本实验项目包含单个螺栓连接时螺栓与被连接件的受力、变形及协调关系实验和多个螺栓组成的螺栓组连接载荷分布与受力分析实验两个子项目，属理论验证类实验。

2）建议 2 学时，根据设备和学生情况来确定两个子项目是全做还是选做其中之一。

一、单个螺栓连接实验

（一）实验目的

1）了解螺栓连接在拧紧过程中各部分的受力情况。

2）计算螺栓的相对刚度，并绘制螺栓连接的受力变形图。

3）验证受轴向工作载荷时预紧螺栓连接的变形规律，以及对螺栓总拉力的影响。

4）通过螺栓的动载实验，改变螺栓连接的相对刚度，观察螺栓变应力幅值的变化，验证提高螺栓连接强度的各项措施。

（二）实验项目及原理

1. 实验项目

单个螺栓连接实验在 LZS—A 型螺栓连接综合实验台上进行，该实验台可进行下列实验项目：

1）螺栓连接静、动态实验。

2）增加螺栓刚度的静、动态实验。

3）改变被连接件刚度的静、动态实验。

4）改变垫片刚度的静、动态实验。

2. 实验原理概述

承受预紧力和工作拉力的紧螺栓连接是常用且较重要的一种连接形式。这种连接中零件的受力属于静不定问题。由理论分析可知，螺栓的总拉力除与预紧力 F_0、工作拉力 F 有关外，还要受到螺栓刚度 C_b 和被连接件刚度 C_m 等因素的影响。单个螺栓连接及其受力变形情况如图 2-1 所示。

图 2-1a 所示是螺母刚好拧到与被连接件相接触，但尚未拧紧的状态。此时，螺栓和被连接件都不受力，因而也不产生变形。图 2-1b 所示为螺母已拧紧，但螺栓未受工作载荷的状态。此时，螺栓受预紧力 F_0 的拉伸作用，其伸长量为 λ_b，而被连接件在 F_0 的压缩作用下产生的压缩量为 λ_m。图 2-1c 所示为承受工作载荷 F 时的情况。此时，若螺栓和被连接件的材料在弹性变形范围以内，则两者的受力与变形关系符合拉（压）胡克定律。当螺栓承受工作载荷后，所受拉力由 F_0 增至 F_1 而使其继续伸长，伸长量为 $\Delta\lambda$，总伸长量为 $\lambda_b+\Delta\lambda$。与此同时，原来被压缩的被连接件，因螺栓伸长而被放松，其压缩量也随之减小。根据连接的变形协调条件，被连接件压缩变形的减小量应等于螺栓拉伸变形的增

加量 $\Delta\lambda$。因此，总压缩量为 $X_m=\lambda_m-\Delta\lambda$；而被连接件的压缩力由 F_0 减至 F_1，F_1 称为残余预紧力。

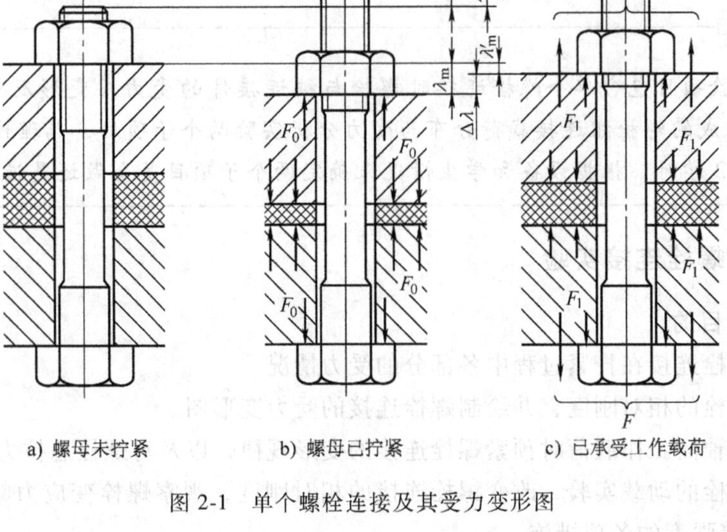

a) 螺母未拧紧　　b) 螺母已拧紧　　c) 已承受工作载荷

图 2-1　单个螺栓连接及其受力变形图

显然，连接受载后，由于预紧力的变化，螺栓的总拉力 F_2 并不等于预紧力 F_0 与工作拉力 F 之和，而等于残余预紧力 F_1 与工作拉力 F 之和（为了保证连接的密封性，应保证 $F_1>0$）。

由于螺栓和被连接件的变形发生在弹性范围内，上述的螺栓和被连接件的受力与变形关系还可以用图 2-2 所示线图表示。图中纵坐标代表力，横坐标代表变形，图 2-2a、b 分别表示螺栓和被连接件的受力与变形关系。螺栓和被连接件的刚度分别为：$C_b=F_0/\lambda_b$，$C_m=F_0/\lambda_m$。将图 2-2a、b 合并成图 2-2c，则 $F_2=F_0+\Delta F=F_1+F$，再由图 2-2c 的几何关系推出 $\Delta F=\dfrac{C_b}{C_b+C_m}F$，则 $F_2=F_0+\dfrac{C_b}{C_b+C_m}F$，所以 $F_0\leqslant F_2\leqslant F_0+F$，其中 $\dfrac{C_b}{C_b+C_m}$ 为螺栓的相对刚度系数。为了降低螺栓的受力，提高螺栓的承载能力，在保持预紧力不变的条件下，应使 $\dfrac{C_b}{C_b+C_m}$ 值尽量小些，减小螺栓刚度 C_b 或增大被连接件刚度 C_m 都可以达到减小总拉力 F_2 变化范围的目的（即减小应力幅 σ_a）。因此，在实际承受动载荷的紧螺栓连接中，宜采用柔性螺栓

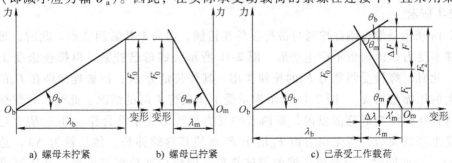

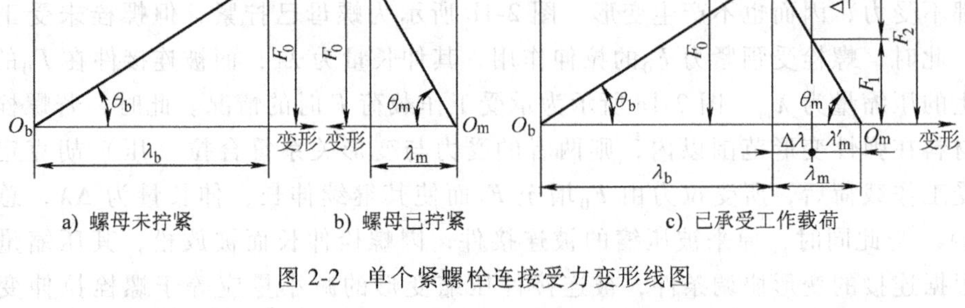

a) 螺母未拧紧　　b) 螺母已拧紧　　c) 已承受工作载荷

图 2-2　单个紧螺栓连接受力变形线图

（减小 C_b）和在被连接件之间使用硬垫片（增大 C_m）。

（三）实验设备

实验设备及仪器包括 LZS—A 型螺栓连接综合实验台一台、CQYDJ—4 型静、动态应变仪一台，计算机及专用软件等。

1. 螺栓连接实验台的结构与工作原理（图 2-3）

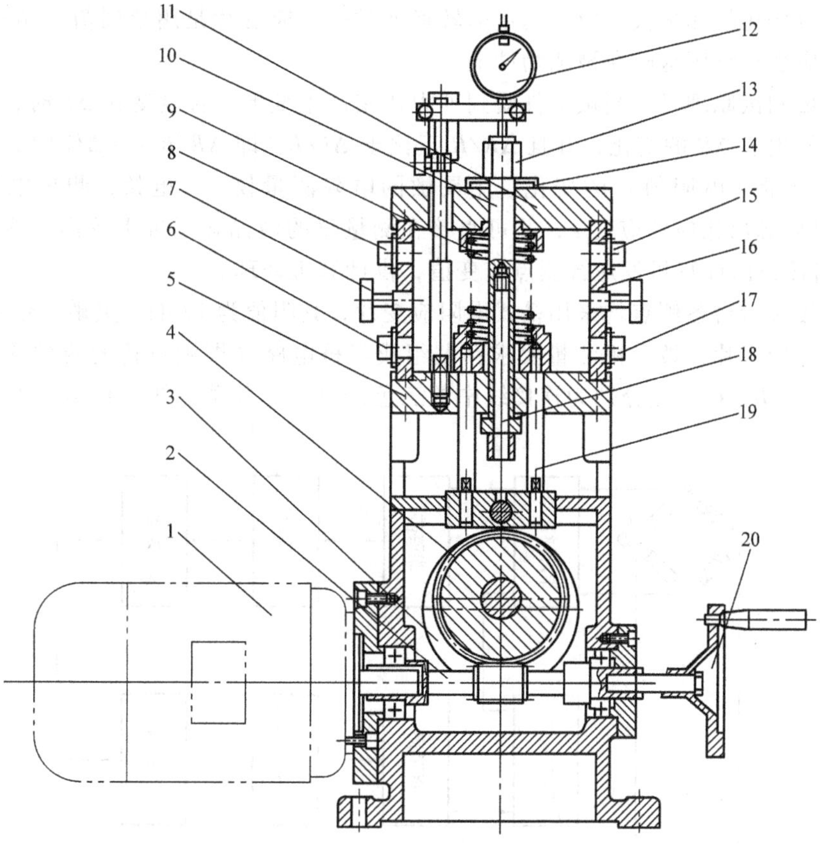

图 2-3 螺栓连接实验台结构简图

1—电动机 2—蜗杆 3—凸轮 4—蜗轮 5—下板 6—扭力插座 7—锥塞 8—拉力插座 9—弹簧 10—M16 空心螺杆 11—上板 12—千分表 13—螺母 14—组合垫片（一面刚性一面弹性） 15—八角环压力插座 16—八角环 17—挺杆压力插座 18—M8 螺杆 19—挺杆 20—手轮

1）螺栓部分由 M16 空心螺杆 10、螺母 13、组合垫片 14 和 M8 螺杆 18 组成。空心螺栓贴有测拉力和扭矩的两组应变片，分别测量螺栓在拧紧时所受预紧拉力和扭矩。空心螺栓的内孔中装有 M8 螺杆，拧紧或松开其上的手柄杆，即可改变空心螺栓的实际受载截面积，以达到改变连接件刚度的目的。组合垫片设计成刚性和弹性两用的结构，以改变被连接件系统的刚度。

2）被连接件部分由上板 11、下板 5、八角环 16 和锥塞 7 组成。八角环上贴有应变片，用于测量被连接件受力的大小。八角环中部有锥形孔，插入或拨出锥塞即可改变其受力，以改变被连接件系统的刚度。

3）加载部分由蜗杆 2、蜗轮 4、挺杆 19 和弹簧 9 组成。挺杆上贴有应变片，用来测量所加工作载荷的大小。蜗杆一端与电动机1相连，另一端装有手轮20，起动电动机或转动手轮使挺杆上升或下降，以达到加载、卸载（改变工作载荷）的目的。

2. CQYDJ—4静、动态应变仪的工作原理及各测点应变片的组桥方式

实验台各被测件的应变量用CQYDJ—4静、动态应变仪测量，通过标定或计算即可换算出各部分应变量的大小。CQYDJ—4静、动态应变仪是利用金属材料的特性，将非电量的变化转换成电量变化的测量仪。应变测量的转换元件——应变片是用金属箔片印刷腐蚀而成，用粘结剂将应变片牢固地贴在被测物件上。

其应变量测试原理是：当被测件受到外力作用产生变形、长度变化ΔL时，应变片的电阻值也随着发生了ΔR的变化，并且$\Delta R/R$正比于$\Delta L/L$，即$\Delta R/R=k(\Delta L/L)$，这样就把机械量转换成电量（电阻值）的变化。用灵敏的电阻测量仪——电桥，测出电阻值的变化$\Delta R/R$，就可换算出相应的应变ε，并可直接在测量仪的液晶显示屏上读出应变值。同时通过A/D通信接口向计算机发送被测点应变值，供计算机处理。

螺栓连接实验台各测点均采用箔式电阻应变片，其阻值为120Ω，灵敏系数$k=2.20$，各测点均为两片应变片，按半桥测量要求粘贴组成半桥电路（即测量桥的两桥臂）。如图2-4所示。图中A、B、C三点分别为连接线中的三色细导线，其黄色线（即B点）为两应变片之公共点。

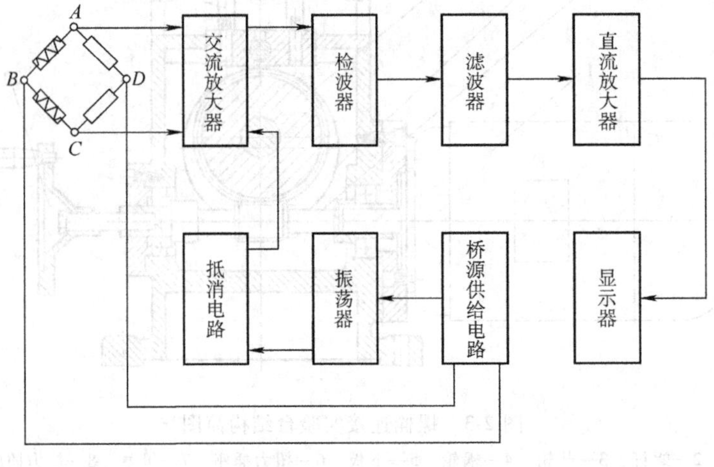

图2-4 半桥电路

3. 计算机专用多媒体软件及其他配套器具

1）需要计算机的配置为带RS232接口主板、128M以上内存、40G硬盘。

2）实验台专用多媒体软件可进行螺栓静、动态连接实验的数据结果处理、整理，并打印出所需的实测曲线和理论曲线图，待实验结束后进行分析。

3）专用扭力扳手（0~200N·m）一把，量程为0~1mm的千分表两个。

（四）实验方法及步骤

以空心螺栓连接（实验台八角环上未装两锥塞，松开空心螺栓上的M8螺杆手柄，组合垫片换成刚性的）静、动态实验为例说明实验方法和步骤。

1. 螺栓连接静态实验方法与步骤

1）用静、动态测量仪配套的4根信号数据线的插头端将实验台各测点插座连接好，各测点的布置为：电动机侧八角环的上方为螺栓拉力，下方为螺栓扭力；手轮侧八角环的上方为八角环压力，下方为挺杆压力。然后将数据线分别接于测量仪背面 CH1、CH2、CH3、CH4 各通道的 *A*、*B*、*C* 接线端子上。用配套的串口线缆将测量仪背面的 9 芯 RS232 插座与计算机上的 RS232 串口相连（各接口位置见图 2-11）。

2）打开测量仪电源开关，启动计算机，进入软件主界面，单击“静态螺栓实验”，进入静态螺栓实验主界面。单击“串口测试”菜单，用以检查通信是否正常，若正常方可进行以下实验步骤。

3）回到静态螺栓实验主界面，单击“实验项目选择”菜单，选“空心螺杆”项（默认值）。

4）转动实验台手轮，将挺杆下降，使弹簧下座接触下板面，卸掉弹簧施加给空心螺栓的轴向载荷。将用于测量被连接件与连接件（螺栓）变形量的两块千分表分别安装在表架上，使表的测杆触头分别与上板面和螺栓顶端面少许（0.5mm）接触。

5）手拧大螺母至恰好与垫片接触。此时螺栓不应有松动的感觉。分别将两个千分表调零，单击“校零”键，使软件对上一步骤采集的数据进行清零处理。

6）用扭力扳手预紧被试螺栓。当扳手力矩为 30～40N·m 时，取下扳手，完成螺栓预紧。

7）将千分表测量的螺栓拉变形值和八角环压变形值分别输入到相应的“千分表值输入”框中。

8）单击“预紧”键进行螺栓预紧后，软件对预紧工况的数据进行采集和处理，同时生成预紧时的理论曲线。

9）如果预紧正确，单击“标定”键进行参数标定，此时标定系数被自动修正。

10）用手将实验台上的手轮逆时针方向（面对手轮）旋转，使挺杆上升至一定高度，压缩弹簧对空心螺栓轴向加载。载荷的大小可通过挺杆上升高度控制，塞入 ϕ15mm 的测量棒确定挺杆上升高度，然后将千分表两次测得的变形值再次分别输入到相应的“千分表值输入”框中。

11）单击“加载”键进行轴向加载工况的数据采集和处理，同时生成理论曲线与实际测量的曲线图。

12）如果加载正确，单击“标定”键进行参数标定，此时标定系数被自动修正。

13）单击“实验报告”键，生成实验报告。螺栓连接静态实验结束。

2. 螺栓连接动态实验方法与步骤

1）螺栓连接的静态实验结束返回主界面后，单击“动态螺栓实验”键进入动态螺栓实验界面。

2）重复静态螺栓实验方法与步骤中的 1）～12）。（如果已经做了静态螺栓实验，则此处不必重做。）

3）取下实验台右侧手轮，开启实验台电动机开关，单击“动态测试”键，使电动机运转 30s 左右，进行动态加载工况的数据采集和处理。

4）单击“测试曲线”键，作出工作载荷变化时螺栓拉力和八角环压力变化实际波形图。

5）单击“理论曲线”键，作出工作载荷变化时螺栓拉力和八角环压力及工作载荷变化的理论波形图。

6）单击“实验报告”键，生成实验报告。螺栓连接动态实验结束。

3. 其他实验项目的方法与步骤

本实验所列其他实验项目的方法与步骤与上述空心螺栓连接的静、动态实验一样，只需改变螺栓被连接件、垫片等内容即可。

（五）实验台操作注意事项

1）电动机的接线必须正确，电动机的旋转方向为逆时针（面向手轮正面）。

2）进行动态实验时，在开启电动机电源开关前必须把手轮卸下来，以避免电动机转动时发生事故，并可减少实验台的振动和噪声。

（六）思考题

1）为什么受轴向载荷时紧螺栓连接的总载荷不等于预紧力+工作载荷？

2）为了提高螺栓的疲劳强度，被连接件之间应采用软垫片还是硬垫片？为什么？连接螺栓的刚度大些好还是小些好？相应的螺栓机构有何特点？

二、螺栓组连接实验

（一）实验目的

1）测试螺栓组连接在翻转力矩作用下各螺栓所受的载荷。

2）深化课程学习中对螺栓组连接受力分析的认识。

3）初步掌握电阻应变仪的工作原理和使用方法。

（二）实验设备及工具

1）多功能螺栓组连接实验台

2）电阻应变仪

3）其他仪器工具：螺钉旋具、扳手

（三）实验台结构及工作原理

多功能螺栓组连接实验台结构如图 2-5 所示，被连接件机座 1 和托架 5 被双排共 10 个

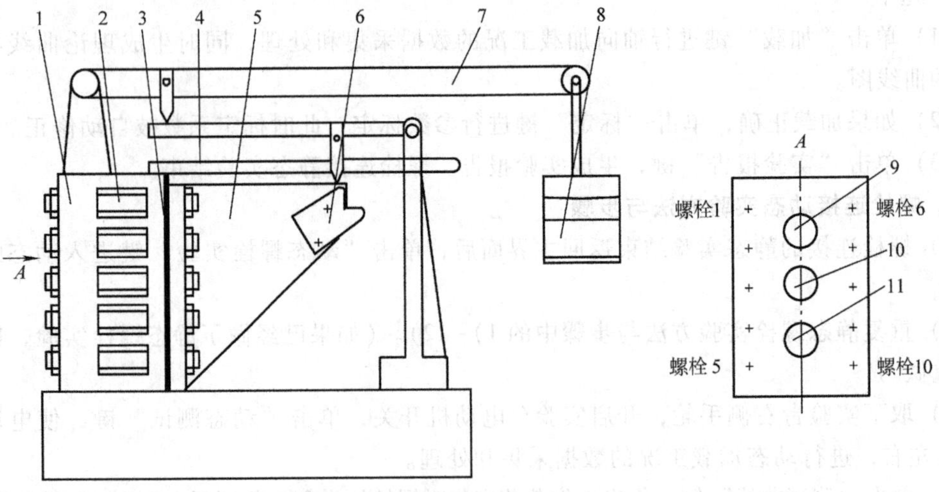

图 2-5　多功能螺栓组连接实验台结构

1—机座　2—测试螺栓　3—垫片　4—测试梁　5—托架　6—测试齿块　7—双级杠杆加载系统　8—砝码　9—齿板接线柱　10—接线柱（与螺栓 1～5 相连）　11—接线柱（与螺栓 6～10 相连）

测试螺栓2连接，连接面间加入垫片3（硬橡胶板），砝码8的重力通过双级杠杆加载系统7（杠杆比为1∶75）增力作用到托架5上，使托架受到翻转力矩的作用，螺栓组连接受横向载荷和倾覆力矩的联合作用。由于各个螺栓所受轴向力不同，它们的轴向变形也就不同。在各个螺栓上贴有电阻应变片，可在螺栓中段测试部位的任一侧贴一片，或在对称的两侧各贴一片，如图2-6所示。各个螺栓的受力可通过贴在其上的电阻应变片的变形，用电阻应变仪测得。

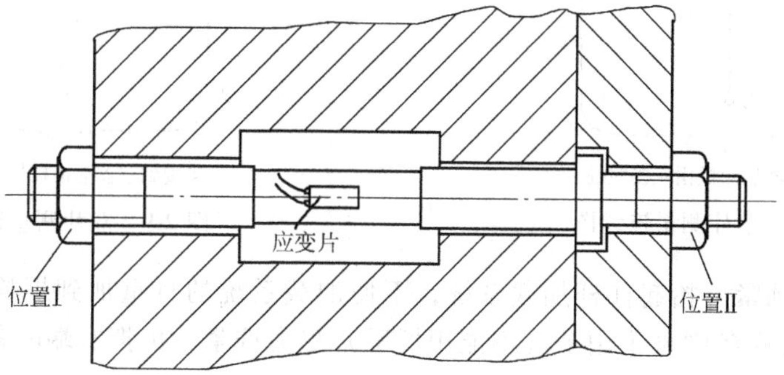

图2-6　螺栓安装及贴片图

CQYDJ—4静、动态应变仪主要由测量桥、桥压、滤波器、A/D转换器、MCU、键盘、显示屏组成（图2-7），应变量测试原理如前所述。

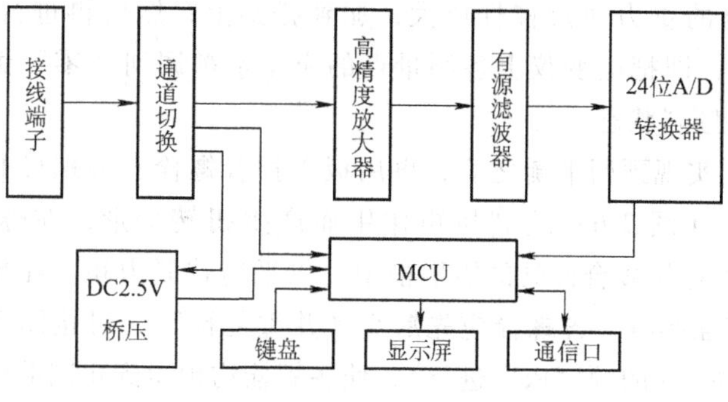

图2-7　CQYDJ—4静、动态应变仪系统组成

测量方法是：由DC2.5V高精度稳定桥压供电，通过高精度放大器，将测量桥桥臂压差放大，然后经过数字滤波器滤去杂波信号，再通过24位A/D模数转换送入MCU（即CPU）处理，该仪器采用计算机内部自动调零的方式调整零点。采用显示屏显示测量的应变数据，同时配有RS232通信口，可与计算机通信。

多功能螺栓组连接实验台的托架5（图2-5）上还安装有一测试齿块6，它是用来做齿根应力测试实验的；机座1上还固定有一测试梁4（等强度悬臂梁），它是用来做梁的应力测试实验的。测试齿块6与测试梁4与本实验无关，在做本实验前应将测试齿块6固定螺钉拧松。

（四）实验方法及步骤

1. 实验方法

（1）仪器连线　用导线从实验台的接线柱上把各螺栓的应变片引出端及补偿片的连线接到电阻应变仪上。采用半桥测量的方法：若每个螺栓上只贴一个应变片，其连线如图2-8

所示；若每个螺栓上对称两侧各贴一个应变片，其连线如图 2-9 所示。后者可消除螺栓偏心受力对测量结果的影响。

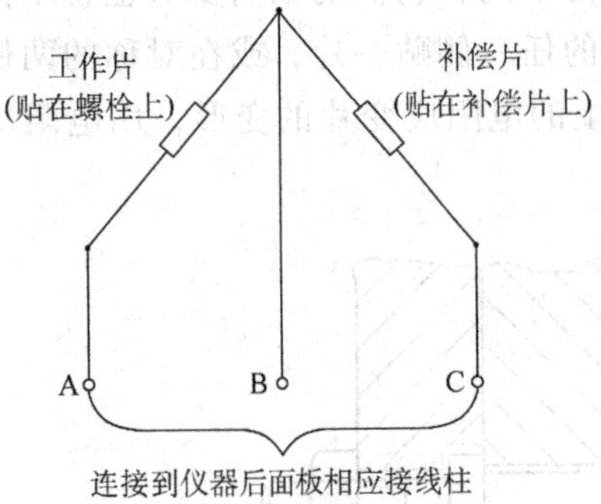

图 2-8 单片测量连线图

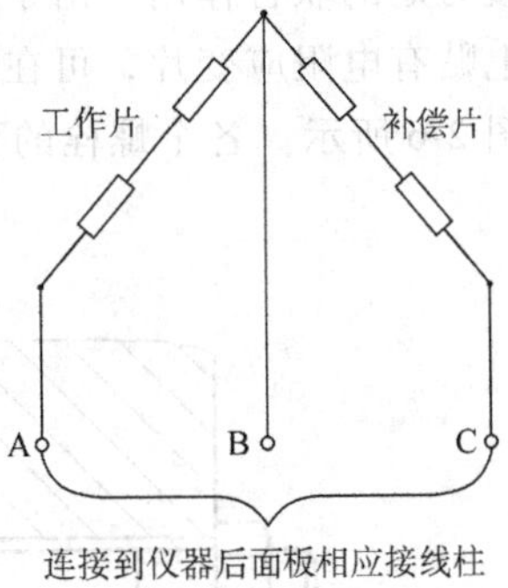

图 2-9 双片测量连线图

(2) 螺栓初预紧 抬起杠杆加载系统，不使加载系统的自重加到螺栓组连接件上。先将图 2-6 所示的左端各螺母Ⅰ用手（不能用扳手）尽力拧紧，再把右端的各螺母Ⅱ也尽力拧紧。(如果在实验前螺栓已经受力，则应将其拧松后再作初预紧。)

(3) 应变测量点预调平衡 预调平衡砝码加载前，应松开测试齿块（即使载荷直接加在托架上，测试齿块也不受力）。以各螺栓初预紧后的状态为初始状态，先将杠杆加载系统安装好，使加载砝码的重力通过杠杆放大，加到托架上；然后再进行各螺栓应变测量的“调零”（预调平衡），即把应变仪上各测量点的应变量都调到“零”读数。加载后，杠杆一般会呈现右端向下倾斜状态。

(4) 螺栓预紧 实现预调平衡之后，再用扳手拧各螺栓右端螺母Ⅱ来施加预紧力。为防止预紧时螺栓右端（图 2-6）受到扭矩作用而产生扭转变形，在螺栓的右端设有一段“U”形断面，它嵌入托架接合面处的矩形槽中，以平衡拧紧力矩。在预紧过程中，为防止各螺栓预紧变形的相互影响，各螺栓应先后交叉并重复预紧（可按图 2-5 中的螺栓 1、10、5、6、7、4、2、9、8、3 的顺序依次进行），使各螺栓均预紧到相同的设定应变量（即应变仪显示值为 $\varepsilon=280\sim320\mu\varepsilon$）。为此，要反复调整预紧 3~4 次或更多。在预紧过程中，用应变仪来监测。螺栓预紧后，杠杆一般会呈右端上翘状态。

(5) 加载实验 完成螺栓预紧后，在杠杆加载系统上依次增加砝码，实现逐步加载。加载后，记录各螺栓的应变值（据此计算各螺栓的总拉力）。注意：加载后，任一螺栓的总应变值（预紧应变+工作应变）不应超过允许的最大应变值（$\varepsilon_{max}\leqslant800\mu\varepsilon$），以免螺栓超载损坏。

2. 实验步骤

1) 检查各螺栓应处于卸载状态。

2) 用导线将各螺栓的电阻应变片与应变仪背面相应接线柱相连。

3) 在不加载的情况下，先用手拧紧螺栓组左端各螺母，再用手拧紧螺栓组右端各螺母，实现螺栓初预紧。

4) 在加载的情况下，把应变仪上各个测量点的应变量都调到“零”，以实现预调平衡。

5) 用扳手交叉并重复拧紧螺栓组右端各螺母，使各螺栓均预紧到相同的设定预应变量

（应变仪显示值为 $\varepsilon=280\sim320\mu\varepsilon$）。

6）依次增加砝码，逐步加载到 2.5kg，记录各螺栓的应变值。

7）测试完毕，逐步卸载，并去除预紧。

8）整理数据，计算各螺栓的总拉力，填写实验报告。

（五）实验结果处理及分析

1. 螺栓组连接实测工作载荷图

根据实测记录的各螺栓的应变量，计算各螺栓所受的总拉力 F_{2i}

$$F_{2i}=E\varepsilon_i S$$

式中　E——螺栓材料的弹性模量（GPa）；

S——螺栓测试段的截面积（m^2）；

ε_i——第 i 个螺栓在倾覆力矩作用下的拉伸变量。

根据 F_{2i} 绘出螺栓组连接实测工作载荷图。

2. 螺栓组连接理论计算受力图

砝码加载后，螺栓组受到横向力 Q(N) 和倾覆力矩 M(N · m) 的作用，即

$$Q=75G+G_0$$

$$M=QL$$

式中　G——加载砝码重力（N）；

G_0——杠杆系统自重折算的载荷（700N）；

L——杠杆系统施力点到测试梁之间的力臂长（214mm）。

在上述倾覆力矩作用下，受力最大螺栓的工作拉力为：

$$F_{max}=\frac{ML_{max}}{\sum_{i=1}^{Z}L_i^2}$$

螺栓组中各螺栓所受的工作载荷为

$$F_i=F_{max}\frac{L_i}{L_{max}}$$

式中　Z——螺栓个数；

L_i——螺栓轴线到底板翻转轴线的距离；

L_{max}——受力最大螺栓到底板翻转轴线的距离。

（六）思考题

1）螺栓组连接理论计算与实测的工作载荷间存在误差的原因有哪些？

2）实验台上螺栓组连接可能的失效形式有哪些？

三、附录

附录1 电阻应变仪使用说明

1. 仪器概述

CQYDJ—4型静、动态应变仪可广泛应用于土木工程、桥梁、机械结构的实验应力分析和结构与材料任意点变形的动、静态应力分析。该仪器可配接压力、拉力、扭矩、位移和温度传感器，对上述物理量进行测试。因此该仪器在材料研究、机械制造、水利工程、铁路运输、土木建筑及船舶制造等行业得到广泛应用。

该系列静、动态电阻应变仪采用全数字化智能设计（图2-7），在本机控制模式下，通过128×64点阵的LCD液晶大显示屏，显示当前测点序号及测到的绝对应变值和相对应变值，同时具备灵敏系数数字设定，桥路单点、多点自动平衡及自动扫描测试等功能；在计算机外控模式下，本机可通过连接计算机，与相应软件组成多点静、动态电阻应变测量分析系统，完成从采集存档到生成测试报告等一系列功能，轻松实现虚拟仪器测试。

CQYDJ—4型静、动态电阻应变仪是该应变仪系列中适合高校实验室实验及小型工程测试的仪器。该仪器的主机自带四路独立的应变测量回路，采用仪器后部接线方式，接线方法兼容常规模拟式静、动态电阻应变仪，使用方便可靠。

2. 性能特点

1）全数字化智能设计，操作简单，测量功能丰富，能方便地连接计算机，实现虚拟仪器测试。

2）可测量全桥、半桥、1/4桥电路，其中1/4桥测量方式设公共补偿接线端子。

3）每通道测量采用独立的高精度数据放大器、24位A/D高精度转换器（四路），测量准确、可靠，减少了切换变化对测试结果的影响，提高了动态测试的速度。

4）接线时在仪器后部接插，可采用焊片或线叉，真正做到“轻松接线”。

5）接线方式与传统模拟式静、动态电阻应变仪基本相同，可减少静、动态电阻应变仪升级换代中的不便。

6）接线端子采用优选进口器件，经久耐用，接触电阻变化极小。

3. 主要技术指标

1）测量范围：$-30000 \sim +30000\mu\varepsilon$。

2）零点不平衡：$\pm 10000\mu\varepsilon$。

3）灵敏系数设定范围：2.00~2.55。

4）基本误差：±0.2%。

5）自动扫描速度：1点/1s。

6）测量方式：1/4桥、半桥、全桥。

7）零点漂移：$\pm 2\mu\varepsilon/24h$，$\pm 0.5\mu\varepsilon/℃$。

8）桥压：DC2.5V。

9）分辨率：$1\mu\varepsilon$。

10）测数：4点（独立）。

11）显示：LCD，分辨率为128×64显示测点序号、6位测量应变值。

12）电源：AC220V（±20%），50Hz。

13）功耗：约10W。

14）外形尺寸：320mm×220mm×148mm（宽×深×高），深度含仪器把手。

4. 面板功能按键说明

仪器前面板如图2-10所示。按键功能说明如下（按照从左至右顺序）：

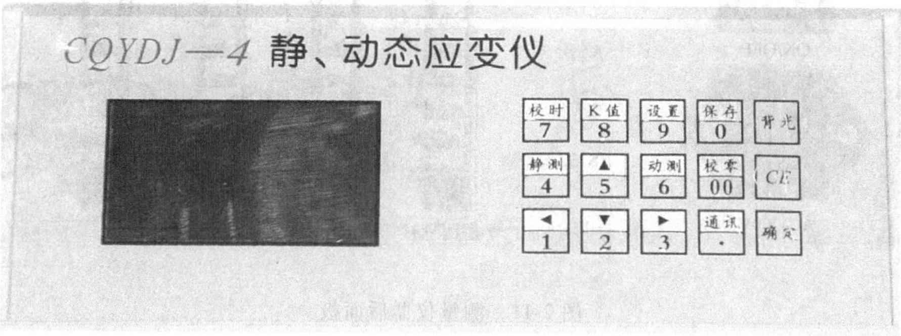

图2-10　测量仪器前面板

1）校时键：按该键可对本仪器时间进行校正。

2）K值键：按该键可进入应变片灵敏系数修改状态。灵敏系数设置完毕后自动保存，下次开机仍生效。

3）设置键：暂无操作功能。

4）保存键：暂无操作功能。

5）背光键：按该键背光熄灭，再按该键背光闪亮。

6）静测键：按该键进入静态电阻应变测量状态。

7）动测键：按该键进入动态电阻应变测量状态。

8）校零键：按该键进入通道自动校零。

9）CE键：按该键清除错误输入或退出该功能操作。

10）通讯键：静态应变数据采集分析系统（计算机程控）联机、退出手动测量操作。

11）确定键：按该键确定该功能操作。

12）▲、▼键：上、下项目选择移动键。

13）◄、►键：暂无操作功能。

14）0~9键：数字键。

5. 使用及维护

（1）准备工作

1）根据测试要求，可使用1/4桥、半桥或全桥测量方式。

2）建议尽可能采用半桥或全桥测量，以提高测试灵敏度及实现测量点之间的温度补偿。

3）CQYDJ—4型静、动态电阻应变仪与AC220V、50Hz电源相连接。

（2）接线

1）测量仪器后面板如图2-11所示，其内部的电桥接线端子与测量桥原理对应关系如

图 2-12、图 2-13 所示。A、B、C、D、D_1、D_2 为测量电桥的接线端，全桥测试时不使用 D_1、D_2 接线端。

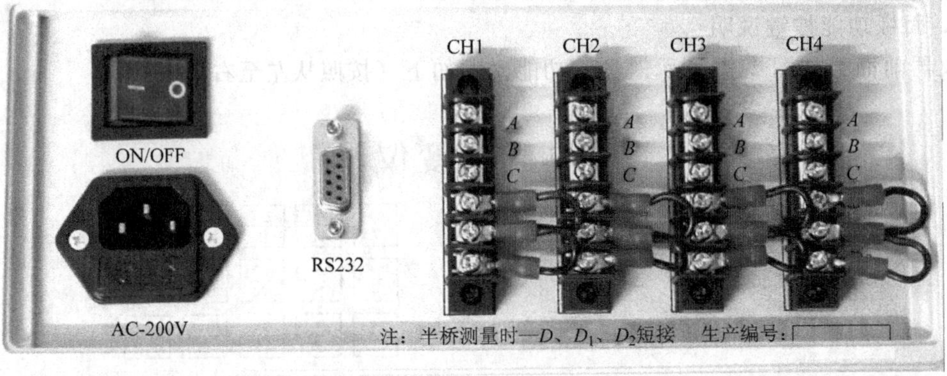

图 2-11 测量仪器后面板

2）组桥方法。CQYDJ—4 型静、动态应变仪在 CQL—A 型螺栓连接综合实验台应变测试中的接线方法如图 2-13 所示。

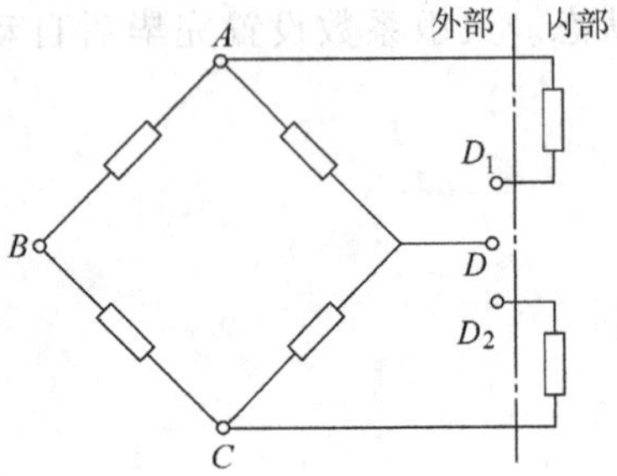

图 2-12 电桥接线端子

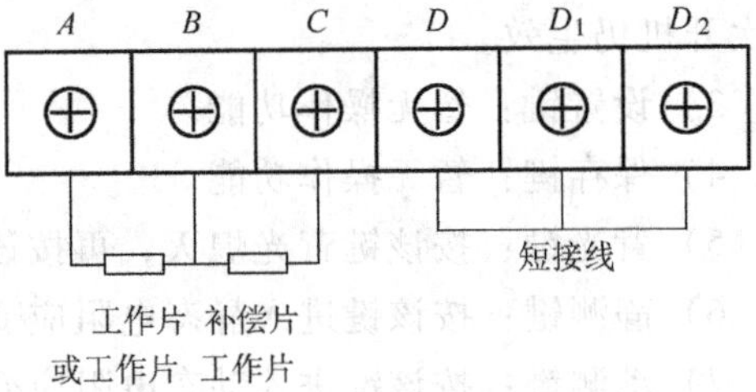

图 2-13 半桥测试接法

为方便用户，出厂时已配好短接线。

1/4 桥和全桥的接线、组桥方法详见 CQYDJ—4 型静、动态应变仪使用说明书。

6. 设置灵敏系数

为适应用户在一次测试中可能使用不同灵敏系数应变片的情况，该仪器的灵敏系数设置方法有在测试前设定和在测试状态设定两种，且两种方法均可使用。

使用方法如下：

在测试前按下“K 值”键，仪器进入灵敏系数设定状态，修改完成后，按“确定”键退出。

在测试状态按下“K 值”键，仪器进入灵敏系数设定状态，修改完成后，按“确定”键退出。

本应变仪的灵敏系数设定范围为 2.00~2.55，出厂时设为 K=2.20。

系统将根据用户设定的该点灵敏系数自动进行折算。这样便于用户使用不同 K 值的应变片。

7. 测量

1）进入静态测量状态，仪器给电阻应变片即传感器预热 5min 后，即可进行测试。按“校零”键，应变仪可进行所有测点的桥路自动平衡。此时，通道显示从 01 依次递增到 04，LCD 液晶显示屏依次进行显示。同时校零指示灯在 LCD 液晶显示屏显示。

2）进入动态测量状态时，LCD 液晶显示屏在进行测量时显示相应动态测量状态，同时通过 RS232 通信口向上位机传送测量数据。校零同步骤 1)。

3）如通道出现短路状况，静态应变仪在 LCD 液晶显示屏显示该通道“桥压短路”字样，同时报警。通道短路消除后，静态应变仪自动恢复该通道测量。

4）注意事项：

① 接线时如采用线叉，请旋紧螺钉，以防止接触电阻变化。

② 长距离多点测量时，应选择线径、线长一致的导线连接测量片和补偿片。同时导线应采用绞合方式，以减少导线的分布电容。

③ 仪器应尽量放置在远离磁场源的地方。

④ 应变片不得置于阳光暴晒之下；同时测量时应避免高温辐射和空气剧烈流动的影响。

⑤ 应选用对地绝缘阻抗大于 500MΩ 的应变片和测试电缆。

⑥ 测量过程中不得移动测量导线。

8. 维护

1）本仪器属于精密测量仪器，应置于清洁、干燥及无腐蚀性气体的环境中。

2）移动搬运时应防止剧烈振动、冲击、碰撞和跌落，放置时应保证平稳。

3）非专业人员不得拆装仪器，以免发生不必要的损坏。

4）禁止用水和强溶剂（如苯、硝基类油）擦拭仪器机壳和面板。

附录 2　单个螺栓连接实验报告

班　级________________ 学　号________________ 姓　名________________
同组者________________ 日　期________________ 成　绩________________

1. 实验设备与实验条件

试验机型号（或编号）：

实验条件：螺栓长度：$L=$

弹性模量：$E=$

被测件截面积：$A=$

2. 实验数据记录与处理

提示：应变（ε）、变形（δ）、应力（σ）、力（F）之间的计算关系

应变 ε	应力 σ	力 F
$\varepsilon=\delta/L$	$\sigma=\varepsilon E$	$F=A\sigma$

预紧螺栓时：

被测零件	应　变	变形/mm	应力/(N/mm^2)	预紧力/N
螺栓(拉)				
螺栓(扭)				
八角环				
挺杆				

加轴向工作载荷 F 时：

工作载荷 F	被测零件	应变	变形/mm	应力/(N/mm^2)	螺栓总拉力/N	残余预紧力/N	工作载荷+残余预紧力
第一次加载 $F=$	螺栓(拉)						
	螺栓(扭)						
	八角环						
第二次加载 $F=$	螺栓(拉)						
	螺栓(扭)						
	八角环						
第三次加载 $F=$	螺栓(拉)						
	螺栓(扭)						
	八角环						

3. 绘制实际螺栓连接的受力与变形关系图和理论螺栓连接的受力与变形关系图。

4. 对比上述理论与实际的变形图，分析并得出结论。

5. 思考题回答

附录3 螺栓组连接综合实验报告

班 级________ 学 号________ 姓 名________

同组者________ 日 期________ 成 绩________

1. 测试记录

螺栓号	1		2		3		4		5	
数据	ε_1	F_1	ε_2	F_2	ε_3	F_3	ε_4	F_4	ε_5	F_5
预调零										
预紧										
加载										

螺栓号	6		7		8		9		10	
数据	ε_6	F_6	ε_7	F_7	ε_8	F_8	ε_9	F_9	ε_{10}	F_{10}
预调零										
预紧										
加载										

理论计算：

螺栓号	1	2	3	4	5	6	7	8	9	10
数据	F_1	F_2	F_3	F_4	F_5	F_6	F_7	F_8	F_9	F_{10}
预调零										
预紧										
加载										

2. 螺栓组连接工作载荷图

实 测	理 论 计 算

3. 思考题回答及心得体会

第三章　带传动实验

说明

1）本实验项目介绍了带传动实验的两种常用设备，并对其结构及使用方法分别进行了讲述，以方便实验设备不同的院校使用。本实验属于验证理论类实验。

2）建议安排 2 学时。教师可以根据设备和学生情况合理地取舍实验内容。

一、实验目的

1）了解带传动试验台的结构和工作原理。

2）掌握转矩、转速、转速差的测量方法，熟悉其操作步骤。

3）观察带传动的弹性滑动及打滑现象。

4）了解改变带的预紧力对带传动能力的影响。

二、实验内容

1）测试带传动转速 n_1、n_2 和转矩 T_1、T_2。

2）计算输出功率 P_2、滑动率 ε 和效率 η。

3）绘制 P_2—ε 滑动率曲线和 P_2—η 效率曲线。

三、实验设备

（一）PC—B 型带传动实验台

1. 结构

实验台结构和外观如图 3-1a、b 所示。

2. 组成

带传动实验台由机械装置、电器箱和负载箱三部分组成。其间用航空插座和导线连接。

（1）机械装置　机械装置包括主动部分和从动部分。

1）主动部分包括 355W 直流电动机 4 和其主轴上的主动轮 2，带预紧装置 1，直流电动机转速传感器 3 及电动机测转矩传感器 5。电动机安装在可左、右直线滑动的平台上，平台与带预紧装置 1 相连，改变带预紧装置的砝码重力，就可以改变传动带的预紧力。

2）从动部分包括 355W 直流发电机 9 和其主轴上的从动轮 8，直流发电机转速传感器 10 及直流发电机转矩传感器 7。发电机发出的电量，经连接电缆送进电气箱 12，再经导线 14 与负载箱 13 连接。

（2）负载箱　由 8 只 40W 的灯泡组成，通过控制负载箱上的开关，即可改变负载大小。

（3）电气箱　实验台所有的控制和测试均由电气箱 12 来完成（其原理参见图 3-2）。旋转设置在面板上的调速旋钮，可改变主动轮和从动轮的转速，并由面板上的转速计数器直接显示。直流电动机和直流发电机的转动力矩也分别由设置在面板上的计数器显示出来。

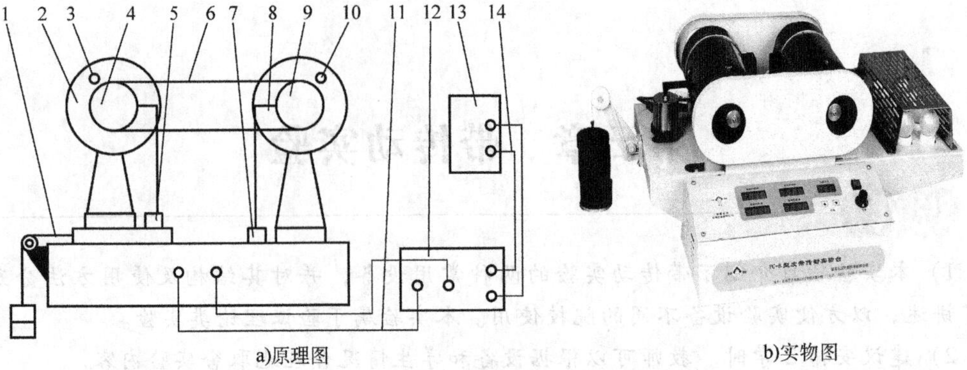

a)原理图　　b)实物图

图 3-1　带传动实验台

1—带预紧装置　2—主动轮　3、10—转速传感器　4—直流电动机　5、7—转矩传感器　6—传动带　8—从动轮　9—直流发电机　11—连接电缆（2 根）　12—电气箱　13—负载箱　14—导线（2 根）

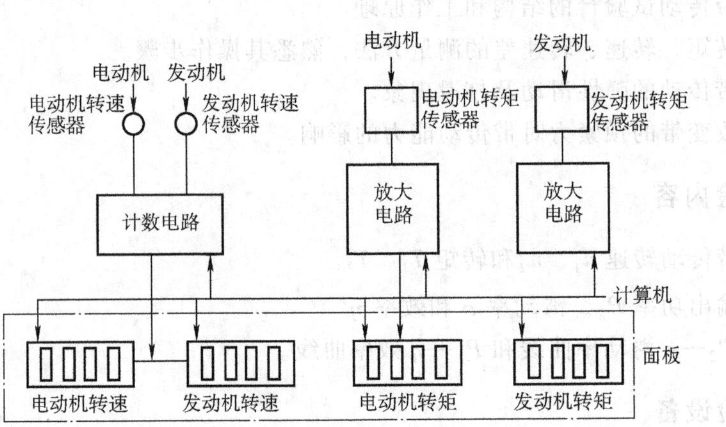

图 3-2　PC—B 型带传动实验台电气测控原理示意图

3. 主要技术参数

1）直流电动机功率：335W。

2）调速范围：50～1500r/min。

3）最大负载转速下降率：≤5%。

4）初拉力最大值：30N。

5）带轮直径：$d_1 = d_2 = 120$mm。

6）发电机负载（W）：0、40、80、120、160、200、240、280、320。

（二）DCS—Ⅱ智能型带传动实验台

1. 结构

实验台结构和外观如图 3-3 所示。

2. 组成

DCS—Ⅱ智能型带传动实验台主要由机械结构和电子系统两部分组成。

（1）机械结构　如图 3-3 所示装置由一台直流电动机 5 和一台直流发电机 1 组成，分别作为原动机和负载。原动机由可控硅整流装置供给电动机电枢以不同的端电压实现无级调速。原动机的机座设计成浮动结构（滚动滑槽），加上张紧砝码 8 便可使平带具有一

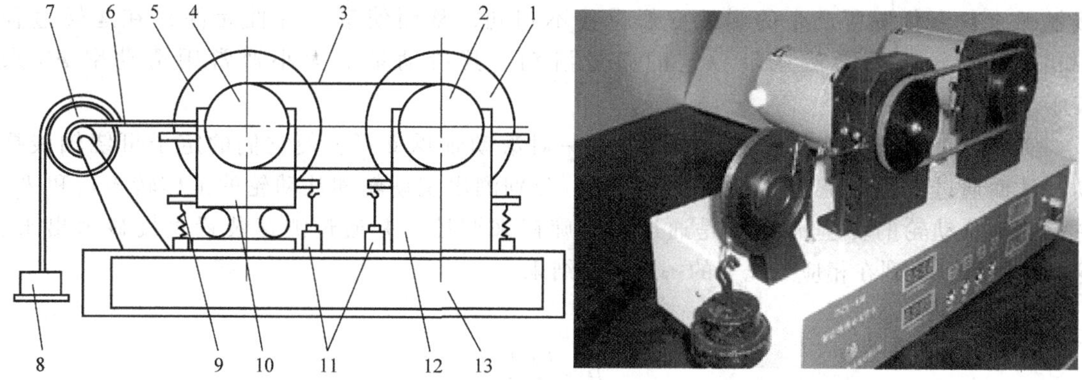

a)原理图　　b)实物图

图 3-3　DCS—Ⅱ智能型带传动实验台

1—直流发电机　2—从动轮　3—传动带　4—主动轮　5—直流电动机　6—牵引绳
7—滑轮　8—砝码　9—拉簧　10—浮动支座　11—拉力传感器　12—固定支座　13—底座

定的初拉力。对发电机负载的改变是通过并联相应的负载电阻，使发电机负载逐步增加，电枢电流增大，随之电磁转矩增大，从而导致发电机负载转矩增大而实现的。电动机的输出转矩 T_1(即主动轮上的转矩）和发电机的输入转矩 T_2(即从动轮上的转矩）由拉力传感器 11 测出，直流电动机和直流发电机的转速由装在两带轮背后环形槽中的红外光电传感器测得。

（2）电子系统　电子系统的结构框图如图 3-4 所示。实验台内附单片机，承担检测、数据处理、信息记忆、自动显示等功能。若外接 MEC—B 型机械运动参数测试仪或微型计算机，就可自动显示并打印输出有关的曲线和数据。

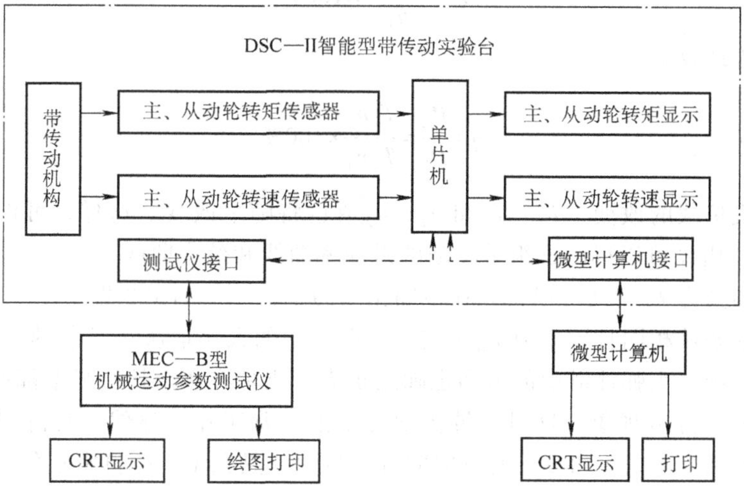

图 3-4　电子系统结构框图

四、工作原理

传动带装在主动轮和从动轮上，带传动是依靠带与带轮接触表面产生的摩擦力来传递运动和动力的。由于工作时带两边的拉力不相等（$F_1>F_2$），这样就使得带在沿带轮接触弧上各个位置所产生的弹性变形也各不相同，从而使带（弹性元件）在运转过程中相对于带轮表面必然产生一定的微量滑动。其滑动量的大小通常用滑动率 $\varepsilon\%$ 来表示。

实验台直流电动机和直流发电机均由一对滚动轴承支撑，使它们的定子可绕轴线摆动，从而通过测矩系统，在不同的负载下，分别测出主动轮和从动轮的工作转矩 T_1 和 T_2。主动轮和从动轮的转速 n_1 和 n_2 是通过调速旋钮来调控，并通过测速装置直接显示出来。这样，就可以得到在相应工况下的一组实验结果。

带传动主动轮功率

$$P_1=\frac{n_1 T_1}{9550}$$

带传动从动轮功率

$$P_2=\frac{n_2 T_2}{9550}$$

式中　n_1、n_2——主、从动轮的转速（r/min）；

T_1、T_2——主、从动轮的转矩（N · m）；

P_1、P_2——主、从动轮的功率（kW）。

带传动的滑动系数

$$\varepsilon=\frac{n_1-in_2}{n_1}\times100\%$$

式中　i——传动比。由于实验台的带轮直径 $d_1=d_2=120\text{mm}$，$i=1$，所以

$$\varepsilon=\frac{n_1-n_2}{n_1}\times100\%$$

带传动的传动效率

$$\eta=\frac{P_2}{P_1}=\frac{T_2 n_2}{T_1 n_1}\times100\%$$

随着发电机负载的改变，T_1、T_2 和 n_1、n_2 值也将随之改变。这样，可以获得不同工况下的 ε 和 η 值，由此可以得出这组带传动的滑动率曲线和效率曲线。

改变带的预紧力 F_0，又可以得到在不同预紧力下的一组测试数据。

显然，实验条件相同且预紧力 F_0 一定时，滑动率的大小取决于负载的大小，F_1 与 F_2 之间的差值越大，则产生弹性滑动的范围也随之扩大。当带在整个接触弧上都产生滑动时，就会沿带轮表面出现打滑现象。这时，带传动已不能正常工作。显然，打滑现象是应该避免的。滑动曲线上临界点（A 和 B）所对应的有效拉力，是在不产生打滑现象时带所能传递的最大有效拉力。通常以临界点为界，将曲线分为两个区，即弹性滑动区和打滑区，如图 3-5 所示。

实验证明，不同的预紧力具有不同的滑动曲线，其临界点对应的有效拉力也有所不同。从图 3-6 所示可以看出，随着预紧力增大，其滑动曲线上的临界点所对应的功率 P_2 也随之增加，因此带传递负载的能力有所提高，但预紧力过分增大势必对带的疲劳寿命产生不利的影响。

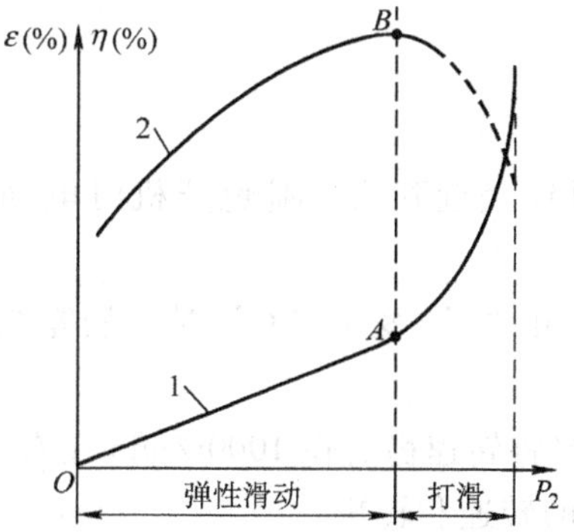

图 3-5　滑动率曲线及效率曲线

1—滑动率曲线　2—效率曲线

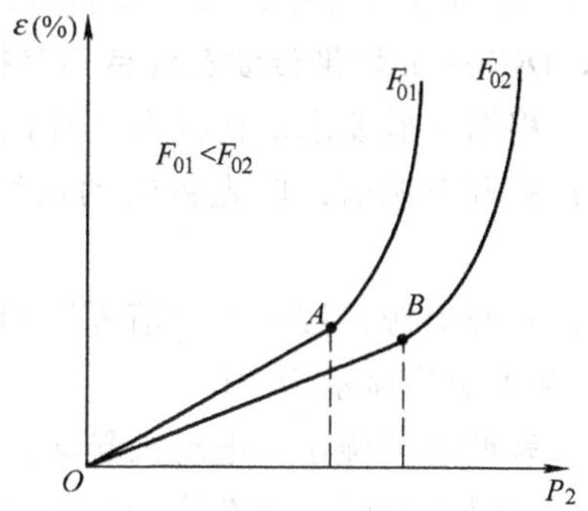

图 3-6　带传动滑动曲线图

五、实验步骤

1. PC—B 型带传动实验台实验操作步骤

1）实验台应安装在水平平台上（通过调水平螺栓实现）。

2）为了安全，请务必接好地线。

3）接通电源前，先将实验台的电源开关置于“关”的位置，检查控制面板上的调速旋钮，应将其逆时针旋转到底，即置于电动机转速为零的位置。

4）将传动带套到主动轮和从动轮上，轻轻向左拉移电动机，并在预紧装置的砝码盘上加质量为 2kg 的砝码（要考虑摩擦力的影响）。

5）启动计算机，启动带传动测试软件，进入带传动实验台软件主界面。

6）接通实验台电源（单相 220V），打开实验台电源开关。

7）单击进入带传动实验台软件主界面非文字区，进入带传动实验说明界面。

8）单击“实验”按钮，进入带传动实验分析界面。

9）单击“运动模拟”按钮，可以清楚地观察带传动的运动和弹性滑动及打滑现象。

10）沿顺时针方向缓慢旋转调速旋钮，使电动机转速由低到高，直到电动机的转速显示为 $n_1 \approx 1100\text{r/min}$（同时显示出 n_2），此时，转矩显示器也同时显示出直流电动机和直流发电机的工作转矩 T_1、T_2。

11）待稳定后，单击“稳定测试”按钮，实时记录带传动的实测结果，同时将这一结果记录到实验教程中的数据记录表中。

12）单击“加载”按钮，使发电机增加一定量的负载，并将电动机转速调到 $n_1 \approx 1100\text{r/min}$。待稳定后，单击“稳定测试”按钮，同时将测试结果 n_1、n_2和 T_1、T_2记录到实验教程中的数据记录表中。重复本步骤，直到 $\varepsilon\% \geqslant 16$ 为止，结束本实验。

13）单击“实测曲线”，显示带传动滑动曲线和效率曲线。

14）增加带的预紧力（将砝码质量增加到 3kg），再重复以上步骤 10）~13）。经比较实验结果，可发现当预紧力提高时带传动功率提高，滑动率系数降低。

15）实验结束后，首先将负载卸去，然后将调速旋钮沿逆时针方向旋转到底，关掉电源开关，切断电源，取下带的预紧砝码；退出测试系统，并关闭计算机。

16）整理实验数据，写出实验报告。

2. DCS—Ⅱ型带传动实验台实验操作步骤

1）根据实验要求加初拉力（挂砝码）。

2）打开电源前，应先将电动机调速旋钮沿逆时针轻旋到头，避免开机时电动机突然起动。

3）打开电源，按一下“清零”键，当力矩显示由“.”变为“0”时，校零结束，此时转速和力矩均显示为“0”。

4）轻调速度旋钮，电动机起动，逐渐增速，最终将转速稳定在 1000r/min 左右。

5）记录空载时（载荷指示灯不亮）主、从动轮的转速和转矩。

6）按“加载”键一次，加载指示灯亮一个。调整电动机转速，使其保持在预定工作转速内（1000r/min 左右），记录主、从动轮的转速和转矩。

7）重复第 6）步，依次加载并记录数据，直至加载指示灯全亮为止。

8）根据数据作出带传动的滑动率曲线（P_2—ε）和效率曲线（P_2—η）。

9）先将电动机转速调至零，再关闭电源，以避免以后的使用者因误操作而使电动机突然起动，发生危险。

10）为了便于记录数据，在实验台面板上设置了“保持”键。每次加载数据基本稳定后，按一下“保持”键，即可使转速和转矩稳定在当时的显示值不变；按任意键可脱离“保持”状态。

六、绘制滑动率曲线和效率曲线

用获得的一系列 T_1、T_2、n_1、n_2值，通过计算又可获得一系列 ε、η 和 $P_2(P_2=T_2n_2)$ 的值，然后可在坐标纸上绘制 P_2—ε 和P_2—η关系曲线，如图 3-7 所示。

带传动的滑动率 ε 一般为 1%～2%，当 ε>3%时带传动将开始打滑。从图上可以看出，ε 曲线上的 A_0点是临界点，其左侧为弹性滑动区，是带传动的正常工作区。随着负载的增加，滑动率逐渐增加并与负载成线性关系。当载荷增加到超过临界点 A_0后，带传动进入打滑区，不能正常工作，所以应当避免。

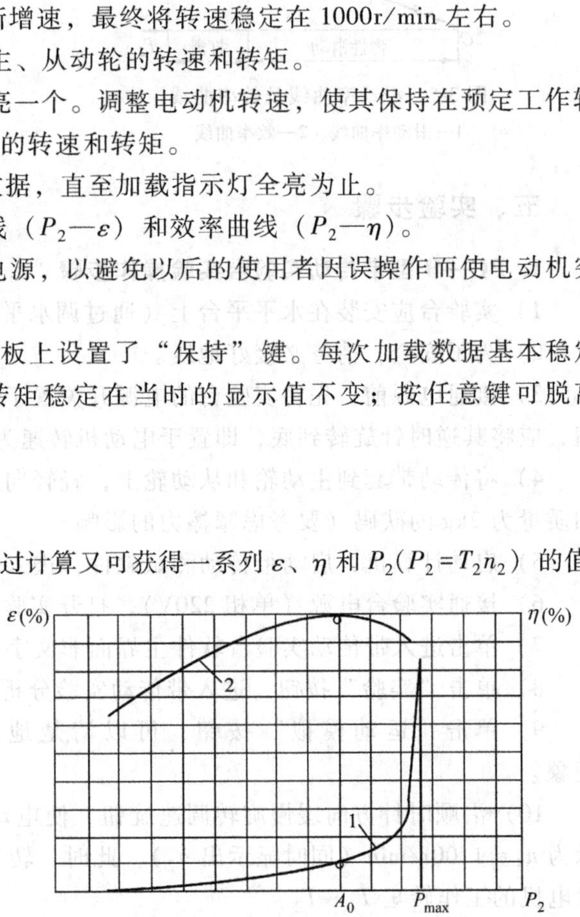

图 3-7　带传动滑动率曲线和效率曲线
1—滑动率曲线　2—效率曲线

七、思考题

1）带传动的弹性滑动和打滑现象有何区别？它们产生的原因是什么？

2）带传动的张紧力对传动力有何影响？最佳张紧力的确定与什么因素有关？

八、附录

带传动实验报告

班 级________________ 学 号________________ 姓 名________________

同组者________________ 日 期________________ 成 绩________________

1. 计算式

主动轮 P_1(W)

$$P_1=\frac{n_1 T_1}{9550}=$$

从动轮 P_2(W)

$$P_2=\frac{n_2 T_2}{9550}=$$

滑动率 ε

$$\varepsilon=\frac{v_1-v_2}{v_1}=\frac{n_1-n_2}{n_1}\times 100\%=$$

效率 η

$$\eta=\frac{P_2}{P_1}=\frac{T_2 n_2}{T_1 n_1}\times 100\%=$$

式中 T_1、T_2——主、从动轮转矩（N · m）；

n_1、n_2——主、从动轮转速（r/min）。

2. 思考题回答

3. 实验记录计算结果

$F_0 = 2\text{kg}$

序号	n_1/(r/min)	n_2/(r/min)	ε(%)	T_1/(N·m)	T_2/(N·m)	η(%)	$P_2 = T_2 n_2$(kW)
1							
2							
3							
4							
5							
6							
7							
8							
9							
10							
11							
12							
13							
14							
15							

绘制 P_2—ε 滑动率曲线，P_2—η 效率曲线。

$F_0 = 3\text{kg}$

序号	n_1/(r/min)	n_2/(r/min)	ε(%)	T_1/(N·m)	T_2/(N·m)	η(%)	$P_2 = T_2 n_2$(kW)
1							
2							
3							
4							
5							
6							
7							
8							
9							
10							
11							
12							
13							
14							
15							

绘制 P_2—ε 滑动率曲线，P_2—η 效率曲线。

第四章　齿轮传动效率及齿轮疲劳实验

说明

1）本实验项目讲述了封闭功率流式实验台的原理，齿轮传动的效率测定及齿轮接触疲劳实验方法，属综合测试类实验。

2）建议实验时间2学时。

一、实验目的

1）了解封闭（闭式）齿轮实验机的结构特点和工作原理。

2）了解齿轮疲劳实验的过程，以及通过实验测定齿轮疲劳曲线的方法。

3）在封闭齿轮实验机上测定齿轮的传动效率。

二、实验设备及工作原理

1. 封闭（闭式）齿轮传动系统

如图4-1、图4-2所示封闭齿轮实验机具有两个完全相同的齿轮箱（悬挂齿轮箱7和定轴齿轮箱4），每个齿轮箱内都有两个相同的齿轮相互啮合传动（悬挂齿轮9与9′，定轴齿轮5与5′），两个实验齿轮箱之间由两根轴（一根是用于储能的弹性扭力轴6，另一根为万向节轴10）相连，组成一个封闭的齿轮传动系统。当悬挂电动机1驱动该传动系统运转起来后，电动机传递给系统的功率被封闭在齿轮传动系统内，即两对齿轮相互传动。此时若在运动状态下脱开电动机，如果不存在各种摩擦力（这是不可能的），且不考虑搅油及其他能量损失，该齿轮传动系统将成为永动系统；由于存在摩擦力及其他能量损耗，在系统运转起来后，为使系统连续运转下去，电动机必须继续提供系统能耗损失的能量，此时电动机输出的功率仅为系统传动功率的20%左右。对于实验时间较长的情况，封闭式实验机是有利于节能的。

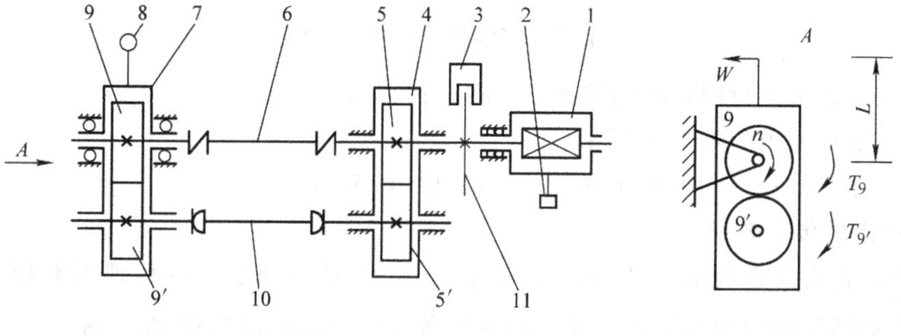

图4-1　封闭齿轮实验机结构示意图

1—悬挂电动机　2—转矩传感器　3—转速传感器　4—定轴齿轮箱　5、5′—定轴齿轮副　6—弹性扭力轴　7—悬挂齿轮箱　8—加载砝码　9、9′—悬挂齿轮副　10—万向节轴　11—转速脉冲发生器

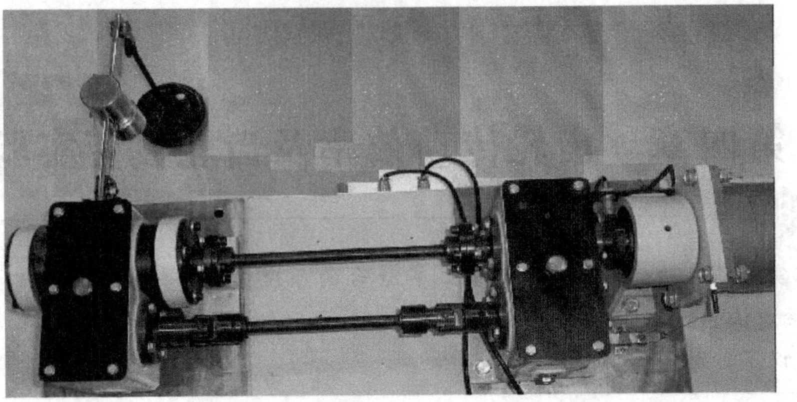

图 4-2　封闭齿轮实验机实物图

2. 电动机的输出功率

如图 4-1 所示悬挂电动机 1 为直流调速电动机，电动机转子与定轴齿轮箱 4 输入轴相连，电动机采用外壳悬挂支承结构（即电动机外壳可绕支承轴线转动）。电动机的输出转矩等于电动机转子与定子之间相互作用的电磁力矩，与电动机外壳（定子）相连的转矩传感器 2 提供的外力矩与作用于定子的电磁力矩相平衡，故转矩传感器测得的力矩即为电动机的输出转矩 T_0(N · m)。电动机转速为 n(r/min)，电动机输出功率为 $P_0 = n\ T_0/9550$(kW)。

3. 封闭齿轮传动系统的加载

如图 4-3 所示，当实验台空载时，悬挂齿轮箱 7（见图 4-1，后同）的杠杆通常处于水平位置，当加上载荷 W 后，相当于对悬挂齿轮箱作用一外加力矩 WL，使悬挂齿轮箱产生一定角度的翻转，使两个齿轮箱内的两对齿轮的啮合齿面靠紧，这时在弹性扭力轴 6 内存在一转矩 T_9（方向与外加负载力矩 WL 相反），在万向节轴 10 内同样存在一转矩 $T_{9'}$（方向同样与外加力矩 WL 相反）；若断开扭力轴和万向节轴，取悬挂齿轮箱为隔离体，可以看出两根轴内的转矩之和（$T_9+T_{9'}$）与外加负载力矩 WL 平衡（即 $T_9+T_{9'}=WL$）；又因两轴内的两个转矩（T_9 和 $T_{9'}$）为同一个封闭环形传动链内的转矩，故这两个转矩相等（$T_9=T_{9'}$），即 $2T_9=WL$，$T_9=WL/2$（N · m）。由此可以算出该封闭系统内传递的功率（kW）为

$$P_9 = T_9\ n/9550 = WLn/19100$$

式中　n——电动机及封闭系统的转速（r/min）；

　　W——所加砝码的重力（N）；

　　L——加载杠杆（力臂）的长度（m），$L=0.3$m。

4. 单对齿轮传动效率

设封闭齿轮传动系统的总传动效率为 η；封闭齿轮传动系统内传递的有用功率为 P_9；封闭齿轮传动系统内的功率损耗（无用功率）等于电动机输出功率 P_0，则

$$P_0 = (P_9/\eta) - P_9$$

$$\eta = P_9/(P_0+P_9) = T_9/(T_0+T_9)$$

若忽略轴承的效率，系统总效率 η 包含两级齿轮的传动效率即 $\eta=\eta_1\eta_2$，由于两对齿轮参数全部相同，因此 $\eta_1=\eta_2$，$\eta=\eta_1^2$，故单级齿轮的传动效率为

$$\eta_1=\sqrt{\eta}=\sqrt{\frac{T_9}{T_0+T_9}}$$

5. 封闭功率流方向

如图 4-3 所示，封闭齿轮传动系统内功率流的方向取决于由外加力矩决定的齿轮啮合齿面间作用力的方向和由电动机转向决定的各齿轮的转向。当一个齿轮所受到的齿面作用力与其转向相反时，该齿轮为主动齿轮，而当齿轮所受到的齿面作用力与其转向相同时，则该齿轮为从动齿轮。功率流的方向从主动齿轮流向从动齿轮，并封闭成环。

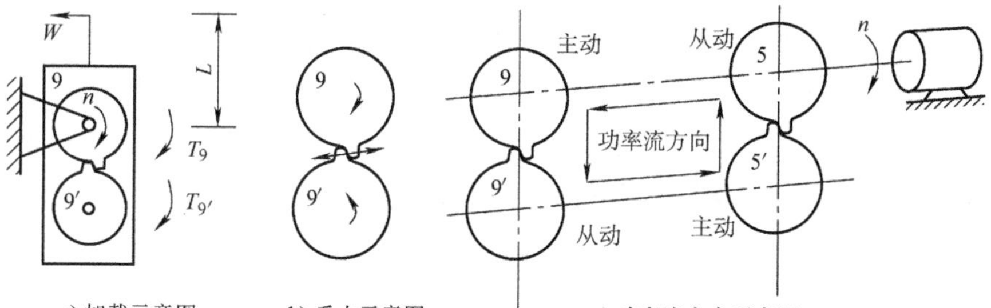

图 4-3　封闭齿轮传动系统加载及功率流方向示意图

6. 齿轮疲劳实验及疲劳曲线的求法

将两对实验齿轮分别安装在悬挂齿轮箱和定轴齿轮箱内，由加载砝码通过加载杠杆施加一定的外载荷，在该载荷下由电动机驱动运转，直至齿轮轮齿发生疲劳破坏，记录该载荷（应力）下所对应的运转循环次数；在不同的外载荷下，实验得到一系列相应的循环次数，由这些实验数据即可绘制出该齿轮的疲劳曲线。可以看出，通过实验测定齿轮的疲劳曲线，需要比较长的时间，学生可以体会实验过程。

三、实验方法及注意事项

1）打开电源前，应先将电动机调速旋钮逆时针轻旋到头，避免开机时电动机突然起动。

2）打开电源，按一下“清零键”进行清零；此时，转速显示“0”，电动机转矩显示“·”，说明系统处于“自动校零”状态；校零结束后，转矩显示为“0”。

3）在保证卸掉所有加载砝码后，调整电动机调速旋钮，使电动机转速为 600r/min。

4）在砝码吊篮上加上第一个砝码（10N）并微调转速，使其始终保持在预定转速（600r/min）左右，待显示稳定后（一般调速或加载后，转速和转矩显示值跳动 2 ~3 次即可达到稳定值），按一下“保持键”，使当时的显示值保持不变，记录该组数值；然后按一下“加载键”，第一个加载指示灯亮，并脱离“保持”状态，表示第一点加载结束。

5）在砝码吊篮上加上第二个砝码，重复上述操作，直至加上 8 个砝码，8 个加载指示灯全亮，转速及转矩显示器分别显示“8888”，表示实验结束。

6）记录各组数据后，应先将电动机转速慢慢调速至零，然后再关闭实验台电源。

7）由记录数据作出封闭齿轮传动系统的传动效率与转矩的关系（$\eta—T_9$）曲线和封闭转矩与电机转矩的关系（$T_0—T_9$）曲线。

四、思考题

1）封闭齿轮传动系统为什么能够节能？

2）封闭齿轮传动如何区分主动与从动齿轮？

3）若要改变功率流方向，可采用什么方法？改变齿轮工作面采用什么方法？

五、附录

齿轮传动效率及齿轮疲劳实验报告

班　级________________ 学　号________________ 姓　名________________

同组者________________ 日　期________________ 成　绩________________

1. 按实验仪器的显示记录对应外载荷下的转速 n、转矩 T_9，并计算出系统效率 η 和单对齿轮的效率 η_1。

2. 绘制 η-T_9 及 T_0-T_9 的变化曲线。

3. 思考题回答

第五章　机械传动性能综合测试实验

说明

1）本实验可以进行典型机械传动（带传动、链传动、齿轮传动、蜗轮蜗杆传动）、组合机械传动和新型机械传动等有关机械传动性能（效率、功率、传动比等性能指标）的多个实验项目，属综合设计与测试类实验，适合机类、近机类学生使用。

2）建议实验时间 2~10 学时。

一、实验目的

1）测试常用机械传动装置（如带传动、链传动、齿轮传动、蜗杆传动等）在传递运动与动力过程中的参数曲线（速度曲线、转矩曲线、传动比曲线、功率曲线及效率曲线等），加深对常见机械传动性能的认识和理解。

2）培养学生根据机械传动实验任务进行自主实验的能力，提高学生对设计性实验与创新性实验的认识。

3）掌握机械传动合理布置的基本要求，机械传动方案设计的一般方法，并利用机械传动综合实验台对机械传动系统组成方案的性能进行测试，分析组成方案的特点。

4）通过实验掌握机械传动性能综合测试的工作原理和方法，掌握计算机辅助实验的新方法。

二、实验设备

机械传动性能综合测试实验台由机械传动装置、联轴器、变频电动机、加载装置和计算机等模块组成（图 5-1），另外还有相应的实验软件支持。系统性能参数的测量通过测试软件控制。学生可以根据自己的实验方案进行传动连接、安装调试和测试，进行设计性实验、综合性实验或创新性实验。实验台组成部件的主要参数见表 5-1。

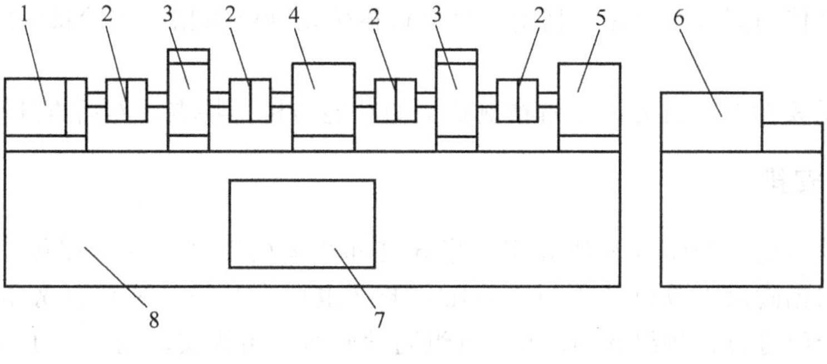

图 5-1　实验台的结构布局

1—变频调速电动机　2—联轴器　3—转矩转速传感器　4—试件

5—加载与制动装置　6—计算机　7—电器控制柜　8—机座

表 5-1　实验台组成部件的主要技术参数

组成部件	技术参数	备　注
变频调速电动机	功率 550W	
ZJ 型转矩转速传感器	1. 规格 10N · m,输出信号幅度不小于 100mV 2. 规格 50N · m,输出信号幅度不小于 100mV	
机械传动装置（试件）	直齿圆柱齿轮减速器 $i=5$	1 台
	蜗杆减速器 $i=10$	WPA50-1/10
	V 带传动 $d=70,76,88,115,145$	V 带 3 根
	齿形带传动 $z=18,25$	齿形带 1 根
	套筒滚子链传动 $z_1=17$ $z_2=25$	08A 链 3 根
磁粉制动器	额定转矩:50N · m　激磁电流:2A 允许滑差功率:1.1kW	加载装置
计算机	普通计算机	控制电动机和负载、采集数据、打印曲线

三、实验内容

实验在机械传动性能综合测试实验台上进行，实验室提供机械传动装置和测试设备资料，学生根据实验任务自主设计实验方案，写出实验方案书，搭接传动系统进行测试，分析传动系统设计方案，写出实验报告。

在机械传动性能综合测试实验台上能开展典型机械传动装置性能测试（A）、组合传动系统布置优化实验（B）和新型机械传动性能测试（C）三类实验。由于课时限制，本实验在课内安排 A 类型的实验，即典型机械传动装置性能测试。课外开放实验做 B 类型或 C 类型的实验，即传动装置组成方案设计实验和新型机械传动性能测试实验。

做 A 类型的实验时，学生根据附录 1 实验任务卡上的参数和工作条件选择机械传动方案进行机械传动性能综合测试，写出实验方案书，搭接传动方案进行测试，写出实验报告。

做 B 类型的实验时，学生根据附录 3 实验任务卡上的设计参数和工作条件设计机械传动系统和机械传动性能综合测试系统，写出实验方案书，搭接传动系统进行测试。分析传动系统设计方案，写出实验报告。实验方案书内容包括设计参数、工作条件、实验目的、机械传动系统运动参数和组成方案设计、机械传动系统性能测试原理、实验步骤和注意事项。在实验中观察机械传动测试系统运行情况，采集机械传动性能数据。实验报告内容包括实验曲线和分析结果等。

做 C 类型的实验时，首先要了解被测机械的功能与机构特点，然后再进行测试。

四、实验安排

学生在实验前应仔细阅读和研究实验指导书和相关的资料。在机械传动内容讲授完毕后，任课老师根据附录 1 或附录 3 的实验任务卡（也可自行设计实验任务卡）分配学生试验任务。实验分组进行，每组 5~15 人。每组同学要通过阅读实验指导书了解实验目的、实验设备的操作和测试软件的使用，根据实验任务卡上的设计参数和工作条件（见附录 1、3），参考附录 2 或附录 4 的实验方案书写好方案书，经实验指导老师认可后，搭接传动综合性能测试系统，搭接完成经实验指导老师检查通过后开启电动机进行实验。在实验中观察测试系统运行情况，利用实验软件采集数据和打印相关数据曲线，进行结果分析，参考附录5写出实验报告。

五、实验原理

实验台工作原理如图5-2所示。

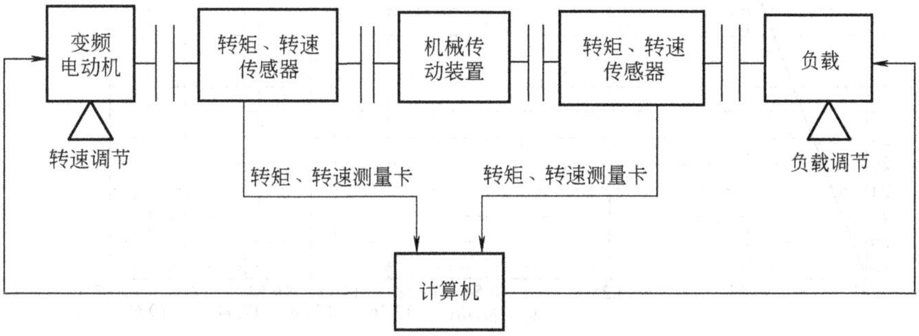

图5-2　实验台的工作原理示意图

运用机械设计综合实验台能完成多种实验项目，见表5-2，教师可根据专业特点和实验教学改革需要指定，也可以让学生自主选择或设计实验类型与实验内容。

表5-2　实验项目表

类型编号	实验项目名称	被测试件	项目适用对象	备　注
A	典型机械传动装置性能测试实验	在带传动、链传动、齿轮传动、蜗杆传动等传动中选择	专科生 本科生	被测试件由教师提供
B	组合传动系统布置优化实验	由典型机械传动装置按设计思路组合	本科生	部分被测试件由教师提供
C	新型机械传动性能测试实验	新开发研制的机械传动装置	本科生 研究生	被测试件由教师提供或实验者自带

无论选择哪类实验，其基本内容都是通过对某种机械传动装置或传动方案性能参数曲线的测试，来分析机械传动的性能特点。

实验利用实验台的自动控制测试技术，能自动测试出机械传动的性能参数，如转速n(r/min)、转矩M(N·m)等。并按照以下关系自动绘制参数曲线：

$$i=n_1/n_2$$

$$N=\frac{Mn}{9550}$$

$$\eta=\frac{N_2}{N_1}=\frac{M_2n_2}{M_1n_1}$$

式中　i——传动比；

N——功率[⊖]（kW）；

η——传动效率。

⊖ 注：本书其他章节中功率一般用P表示、转矩一般用T表示，在本章中用N、T来表示功率和转矩，主要是为了与后面的测试软件界面上的表示方法相统一。

根据参数曲线（图 5-3）可以对被测机械传动装置或传动系统的传动性能进行分析。

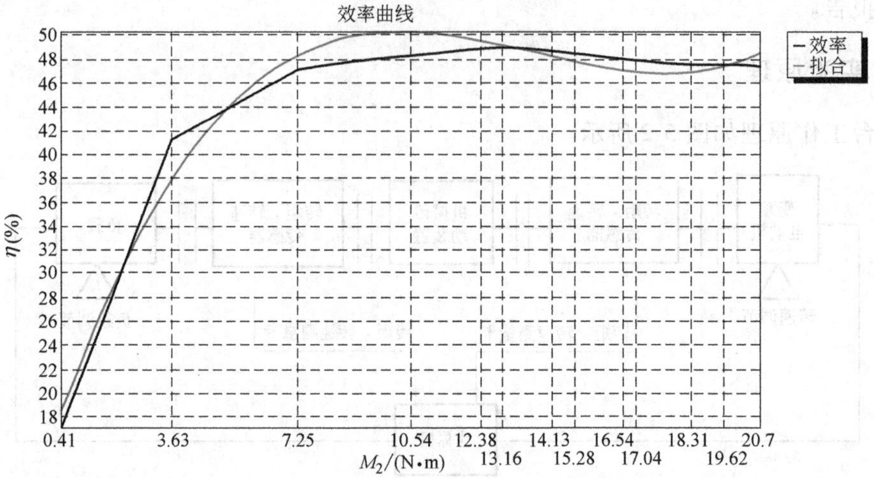

图 5-3　参数曲线（示例）

六、实验台的使用与操作

1. 测试系统连接

控制柜控制操作面板及控制信号接口板如图 5-4 所示。测试控制信号线接法如下：

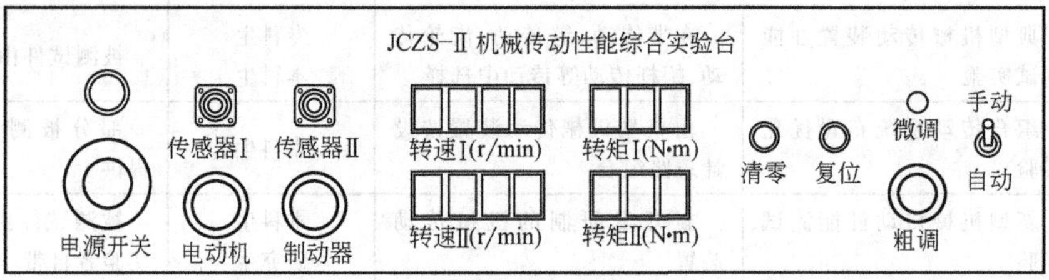

图 5-4　控制柜控制操作面板

（1）转矩及转速信号的输入　在控制柜控制操作面板上有两组转矩、转速传感器Ⅰ、传感器Ⅱ，信号输入航空插座，只要将两组转矩、转速传感器Ⅰ、传感器Ⅱ的相应输出信号用两根高频电缆线连接即可。转动传感器，传感器上的两个发光管应闪动。若无闪动，可检查电缆线及航空插头是否出现松动、断线、短路、插针缩进等现象。

（2）磁粉制动器控制线连接　将磁粉制动器上制动电流控制线接入控制柜侧面的控制信号接口板上对应的（制动器）五芯航空插座上（图 5-5），并旋紧。

（3）变频电动机控制线连接　变频电动机控制连线有电动机转速控制和风扇控制两根，分别接入控制柜侧面的控制信号接口板。

（4）串行通信线连接　本实验台实验方式分为手动方式和自动方式。当采用自动方式时，应通过标准 RS-232 串行通信线将控制柜控制信号接口板上的串行端口与计算机串口连接。

连接好所有控制、通信线后，按下实验台控制柜控制操作面板（图 5-4）上相应电源开关，接通实验台相关电源进入实验待机状态。

2. 控制系统工作方式

本实验台实验方式分手动和自动两种方式。

（1）手动方式　手动方式为实验者采用手动调节控制方式，按预先制定的实验方案通过实验台控制操作面板控制电动机转速及磁粉制动器的制动力（即工作载荷），来完成整个实验过程的操作。方法如下：

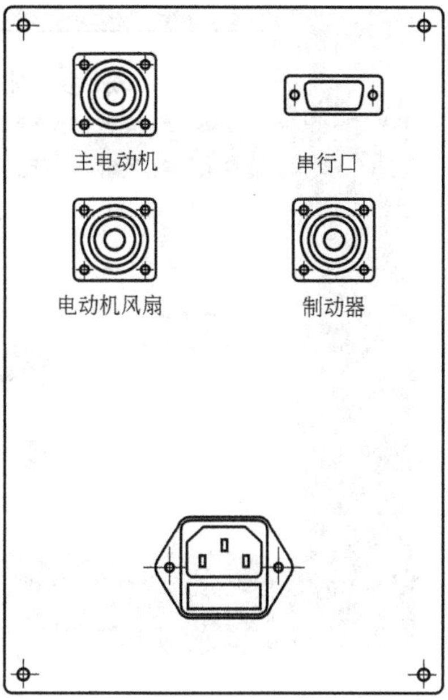

图 5-5　控制信号接口板

1）接通实验台总电源。系统电源及各信号控制线正确可靠连接后，按下如图 5-4 所示控制操作面板上电源开关按钮，电源接通，电源指示灯亮。四组输入、输出转速、转矩 LED 数码显示器显示“0”。

2）复位。实验台总电源开启后，实验台控制柜内采样控制卡一般处于复位状态，四组输入、输出转速、转矩 LED 数码显示器显示“0”。否则可按“复位”按钮，使采样控制卡“复位”，LED 数码显示器显示“0”。

3）“保持”按钮作用是清除磁粉制动器“零位”误差。当变频电动机达到实验预定转速并稳定运转时，在磁粉制动器不通电（制动电流为“零”）时，由于有磁粉制动器剩磁作用等，会引起不稳定的“零位”漂移。在变频电动机稳定运转过程中，按压“保持”按钮，可清除“零位”误差。

4）电动机转速控制。按压控制面板上电动机电源开关，电动机及变频控制器电源接通，变频控制器 LED 数码显示器显示“0”。

将变频控制器设置为手动控制模式，方法见附录 1。

按实验预定方案，调节变频控制器上调速电位器，观察输入转速（即变频电动机输出转速）LED 数码显示器，控制电动机转速达到某预定转速并稳定运转。

5）磁粉制动器手动控制。按压实验台控制柜控制操作面板上磁粉制动器电源开关，磁粉制动器电源接通。将控制操作面板上钮子开关切换至“手动”，手动旋转磁粉制动器控制电流调节电位器旋钮，即可调节磁粉制动器制动力（即负载）大小。调节控制电位器设有“粗调”和“细调”两挡。

实验台控制柜控制操作面板上设有四组输入、输出转速、转矩 LED 数码显示器，采用手动方式 通过抄录实验显示数据，可脱开计算机人工分析、绘制实验曲线，完成实验报告。

（2）自动方式　按压控制面板上电动机电源开关，电动机及变频控制器电源接通，变频控制器 LED 数码显示器显示“0”。

七、测试软件介绍

1. 运行软件

双击计算机桌面上的机械传动性能综合测试快捷方式，进入该软件运行环境。

2. 界面总览

软件运行界面如图 5-6 所示。

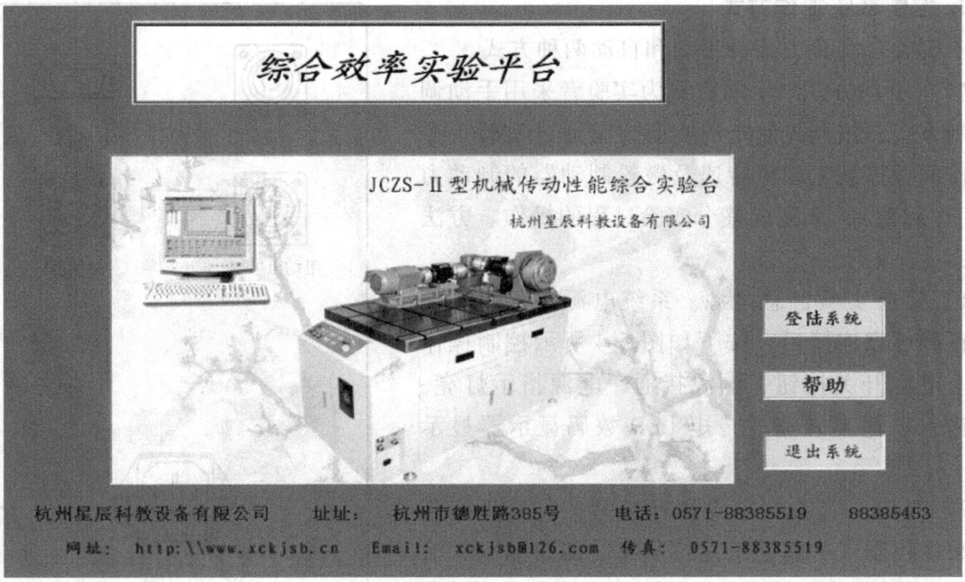

图 5-6　软件运行界面

单击“登陆系统”按钮进入主程序界面（图 5-7），单击“帮助”可以查看帮助文件。

如图 5-7 所示，主程序主要分为：主程序菜单，显示面板，系统控制操作面板，测试记

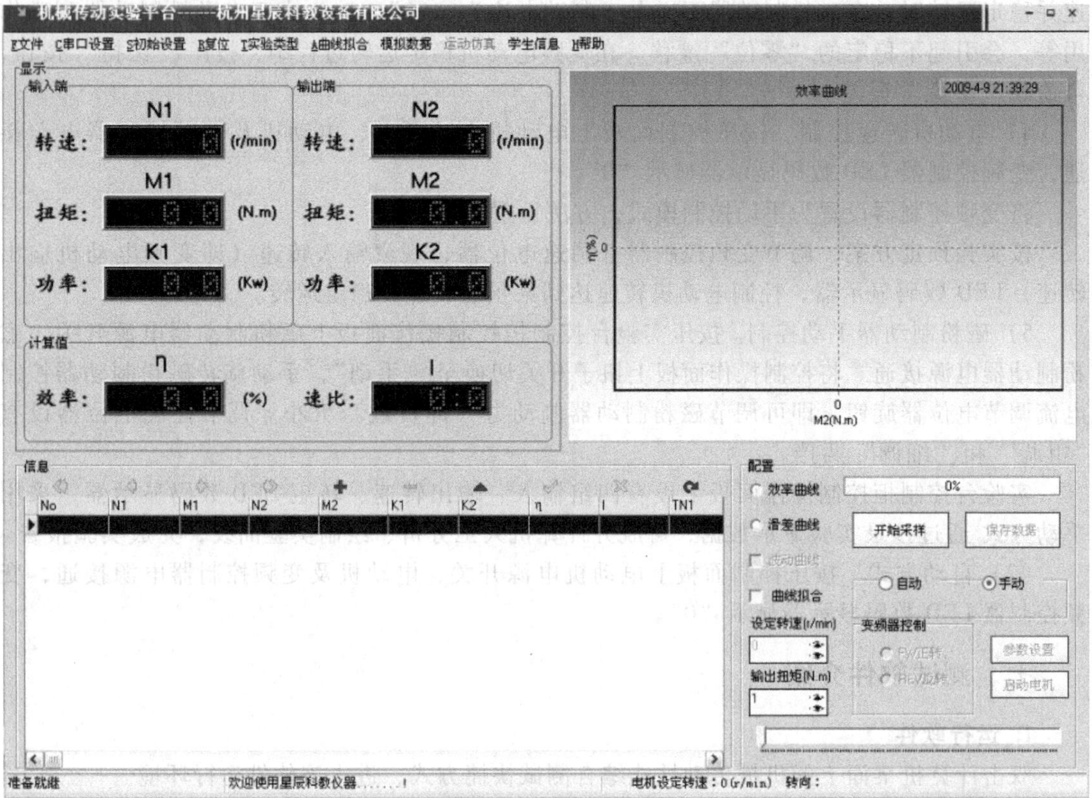

图 5-7　主程序界面

录数据库，状态栏五个部分。

（1）主程序菜单　有“文件”“串口设置”“初始设置”“复位”“实验类型”“曲线拟合”“模拟数据”“运动仿真”“学生信息”和“帮助”等主要功能。

其中“文件”菜单如图 5-8 所示。其中“打开”用于打开保存的实验数据；“保存数据”用于保存当前的实验数据；“另存为”功能和“保存数据”类似；“打印”用于打印当前的实验数据和图表，即实验报告；“Exit”即退出程序。完成当前实验后需要打印数据和图表，可以执行打印功能，其中打印设置如图 5-9 所示，请选择好打印机，其他可根据需要设置。

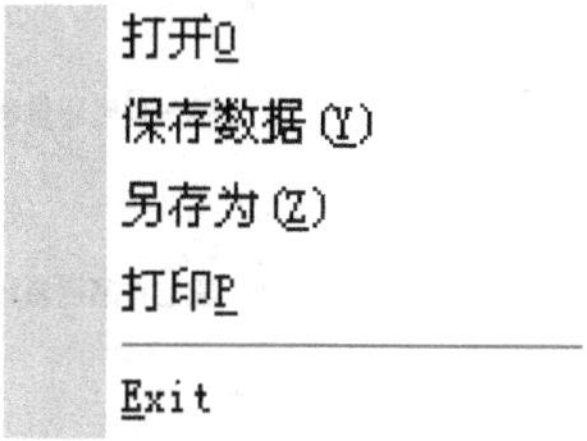

图 5-8　“文件”菜单

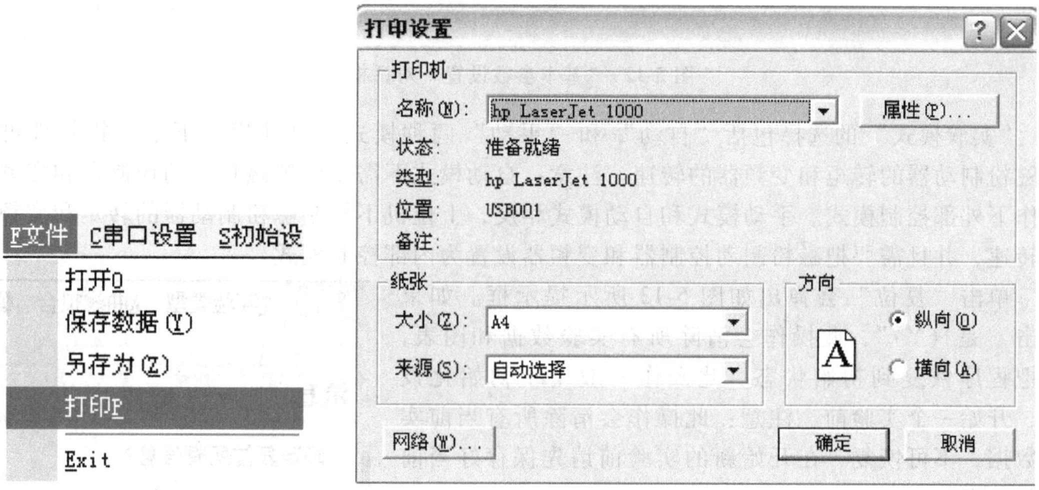

a)　　　　b)

图 5-9　打印命令激活和打印设置

单击“串口设置”会弹出如图 5-10 所示对话框，用户可根据串口的使用说明进行正确配置。

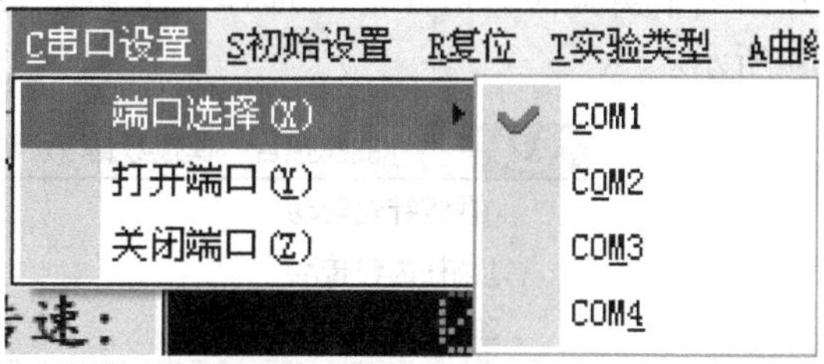

图 5-10　“串口设置”菜单

初始设置如图 5-11 所示。单击“基本参数设置”弹出如图 5-12 所示对话框。此对话框需要根据实际的机械结构做选择，对于“输入传感器量程”“输出传感器量程”“磁粉制动器量程”目前不需要修改，可以保持默认状态；“最大工作载荷”的设置可以改变上位机控制磁粉制动器输出量程。“当前机构速比设定”需要根据当前机构类型设

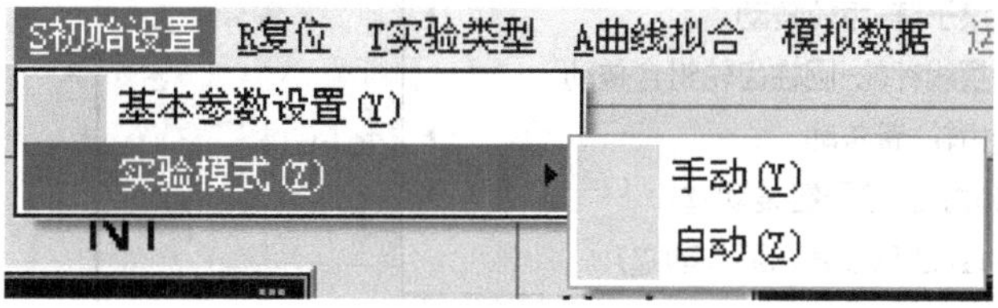

图 5-11　“初始设置”菜单

置，对上述参数的设置可以通过“修改参数”按钮实现。

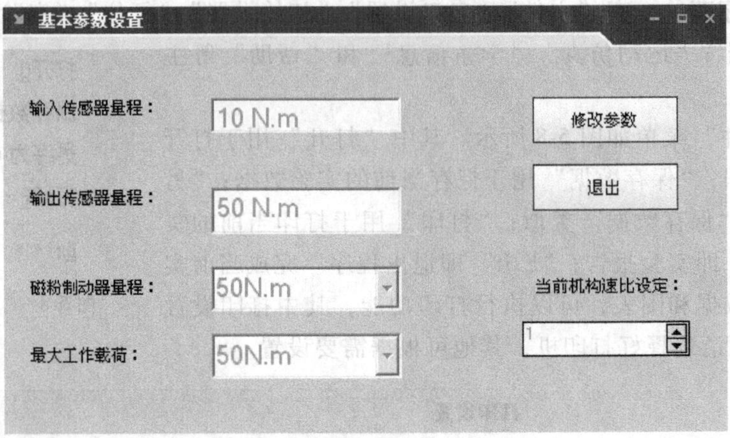

图 5-12　“基本参数设置”对话框

“实验模式”的选择包括“自动”和“手动”两种模式。自动模式下上位机软件可控制磁粉制动器的转矩和变频器的转速。注意：自动模式下需要设置磁粉制动控制器和变频器工作下外部控制模式。手动模式和自动模式相反，上位机不控制磁粉制动器的转矩和变频器的转速，并且需要把磁粉制动控制器和变频器设置为内部控制模式。

单击“复位”会弹出如图 5-13 所示提示框。如果单击“是（Y）”，此操作会清除所有实验数据和图表，并把程序恢复到初始状态。此操作一般用于初始化设备，开始一个实验前。注意：此操作会清除所有当前实验数据，不可恢复，在开始新的实验前请先保存好当前实验数据。

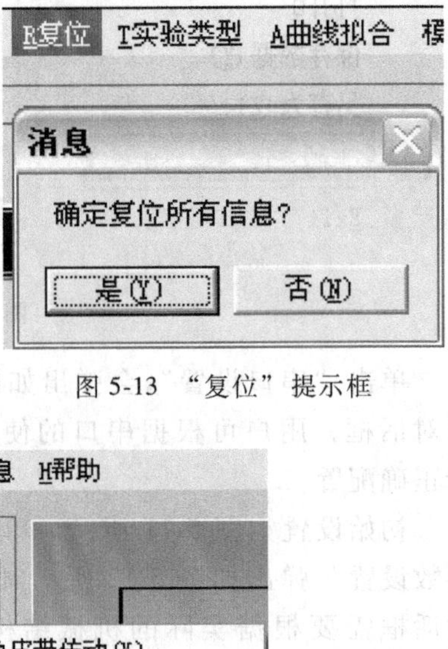

图 5-13　“复位”提示框

单击“实验类型”，可选择当前要操作的实验机构。在开始一个实验前，请注意先选择一个实验类型。如图 5-14 所示。

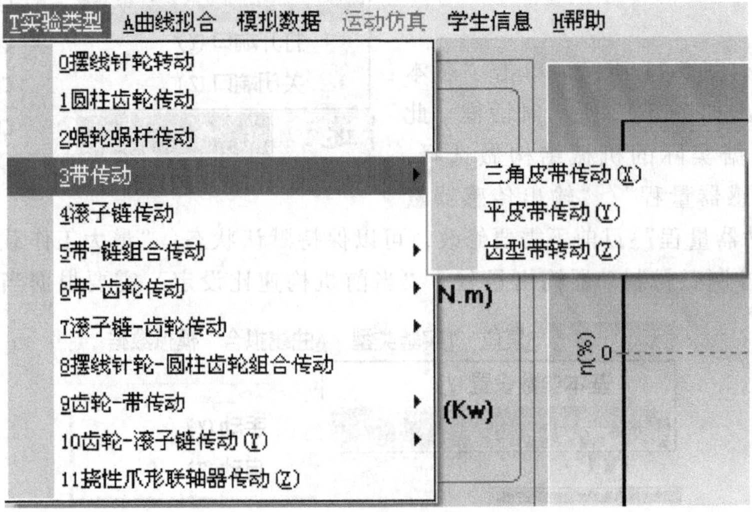

图 5-14　“实验类型”菜单

曲线拟合如图 5-15 所示，需要对当前的实验数据或模拟数据进行数据拟合并显示时可以操作此选项。

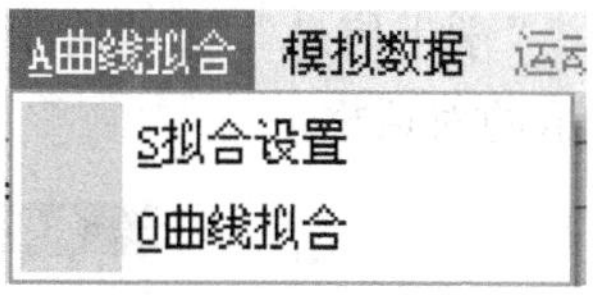

图 5-15　“曲线拟合”菜单

单击“拟合设置”会弹出如图 5-16 所示的对话框。当前的程序默认采用了“多项式拟合”，“曲线拟合次数”可修改。对于所需要显示的拟合曲线可以通过如图 5-17 所示界面选择。

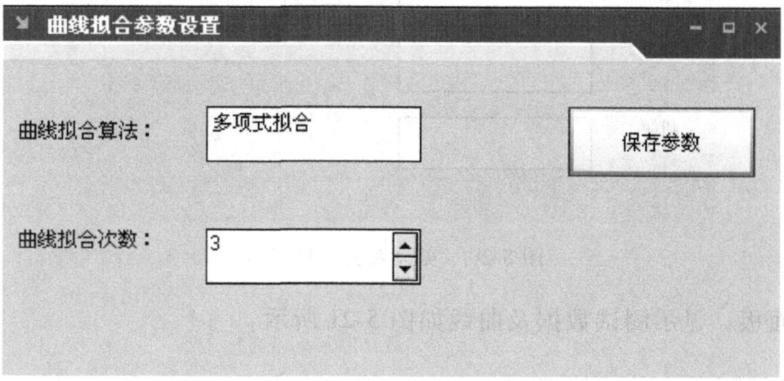

图 5-16　“曲线拟合参数设置”对话框

单击“模拟数据”弹出如图 5-18 所示。此选项用于显示不同机构的模拟数据；“当前选定机构”用于显示当前选择的实验机构的模拟数据；选择“其他典型机构”会弹出一个选择界面如图 5-19 所示，用于选择所需要显示的机构模拟数据。退出模拟数据状态可通过“清除模拟数据”或“复位”来实现。

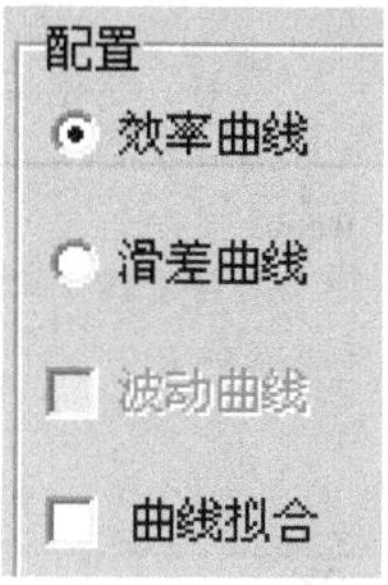

图 5-17　显示拟合曲线选择界面

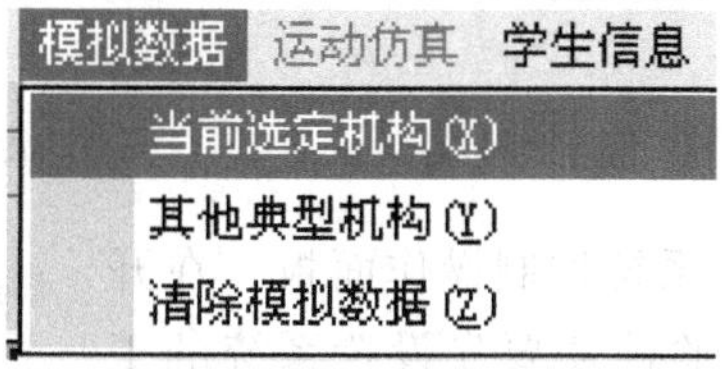

图 5-18　“模拟数据”菜单

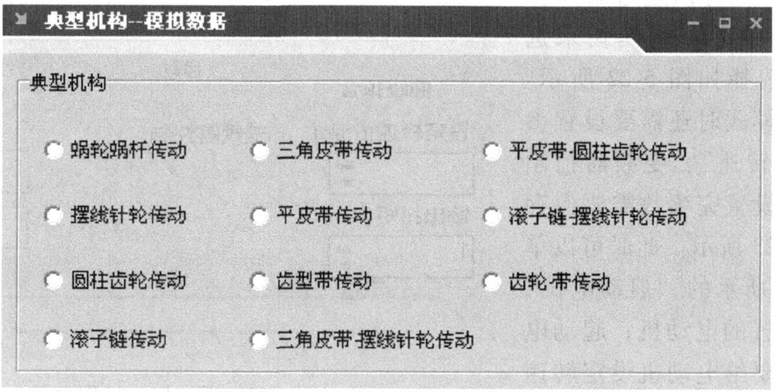

图 5-19　“模拟机构”选择框

“学生信息”选项用于注册当前实验的人员信息。单击“学生信息”后弹出如图 5-20 所示的对话框。

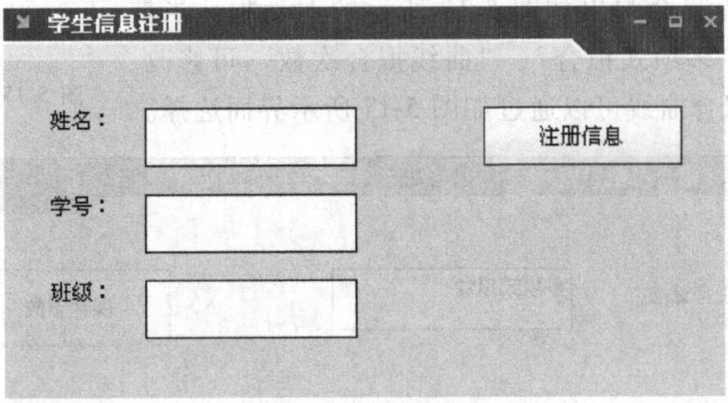

图 5-20　实验人员信息窗口

（2）显示面板　显示测试数据及曲线如图 5-21 所示。

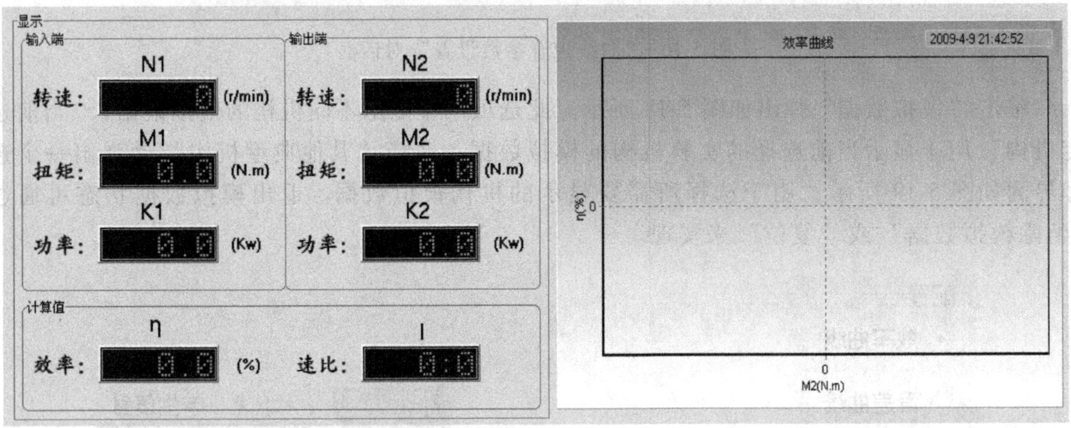

图 5-21　显示面板

（3）系统控制操作面板　在开始一个实验前需要先设置系统的工作模式，即手动模式还是自动模式（关于模式选择也可以通过菜单栏中的初始设置中的实验模式来选择），模式的选择如图 5-22 所示。当设置为自动模式时还需要设置参数，如“设定转速”、变频器控制正转和反转，设置完参数需要保存设置，如图 5-23 所示。此时可以单击如图 5-24 中所示的“启动电机”按钮来起动设置的电动机，起动电动机后用户需要给电动机设定转速后才可以控制磁粉制动器输出转

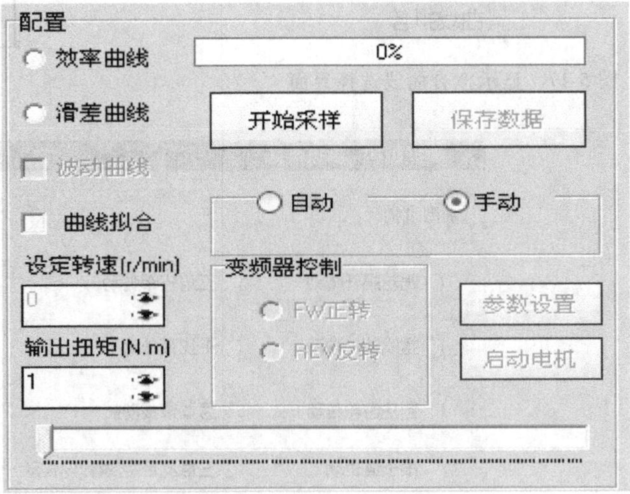

图 5-22　系统控制操作面板

矩。如图 5-24 所示。

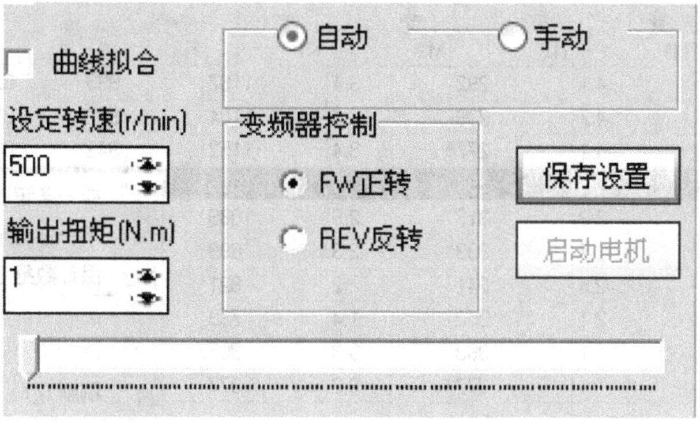

图 5-23　模式选择

起动电动机后系统会自动打开“开始采样”对话框，此时用户可以单击“保存数据”按钮来保存当前的实验数据。如图 5-25 所示。

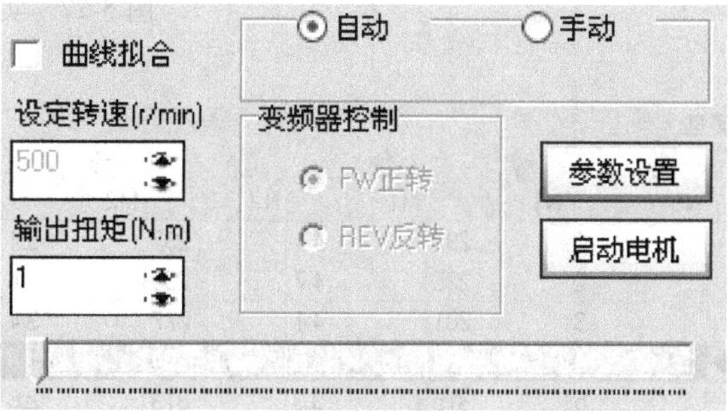

图 5-24　“启动电机”设置

当电动机转速达到用户设定转速后，可以通过如图 5-26 所示的控制条来控制磁粉制动器的输出转矩。当转矩达到用户所需要的转矩时，用户可以单击“保存数据”按钮，完成一组实验数据的采集。

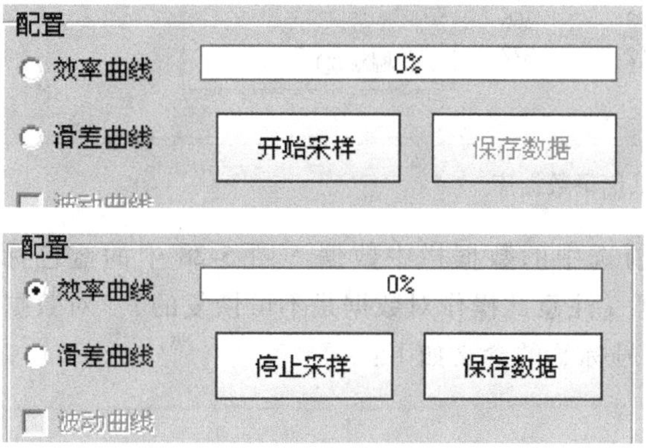

图 5-25　采样及保存

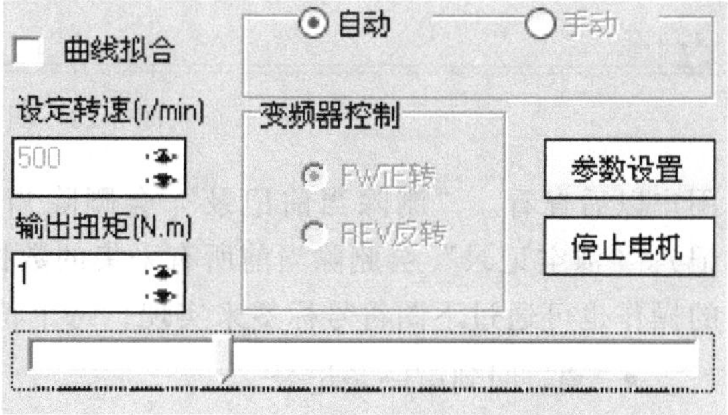

图 5-26　制动器输出转矩控制条

当单击完“保存数据”按钮后，用户可以在数据显示区看到完成的实验数据。如图5-27所示。

（4）测试记录数据库　该数据库用以保存实验数据，用户可以在数据显示区观察或修改当前实验所得到的实验数据。数据显示区如图 5-28 所示，用户可以通过单击鼠标右键来操作数据选项，弹出的快捷菜单中包括“前一条记录”“下一条记录”“保存数据”“删除当前记录”“清空记录”和“刷新”。其中“保存数据”功能可以保存当前的实验数据，供

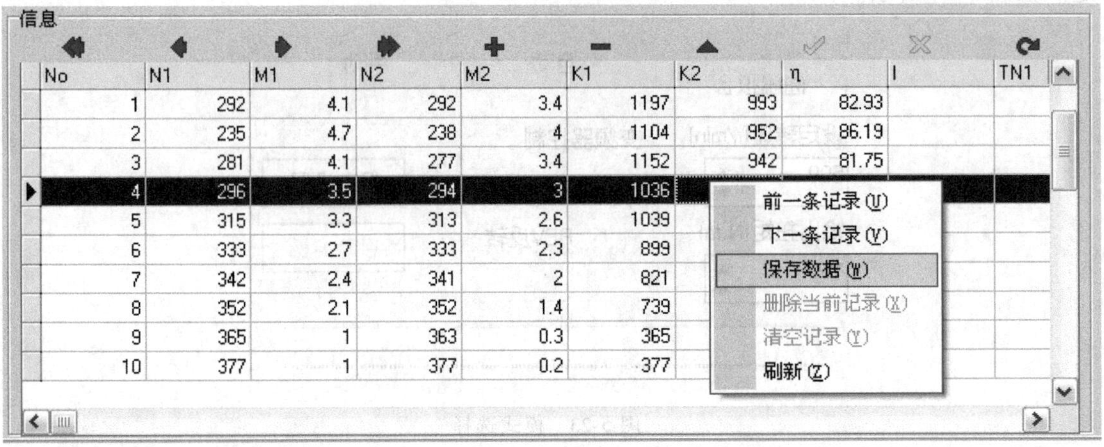

No	N1	M1	N2	M2	K1	K2	η	I	TN1
1	292	4.1	292	3.4	1197	993	82.93		
2	235	4.7	238	4	1104	952	86.19		
3	281	4.1	277	3.4	1152	942	81.75		
4	296	3.5	294	3	1036				
5	315	3.3	313	2.6	1039				
6	333	2.7	333	2.3	899				
7	342	2.4	341	2	821				
8	352	2.1	352	1.4	739				
9	365	1	363	0.3	365				
10	377	1	377	0.2	377				

图 5-27　实验数据

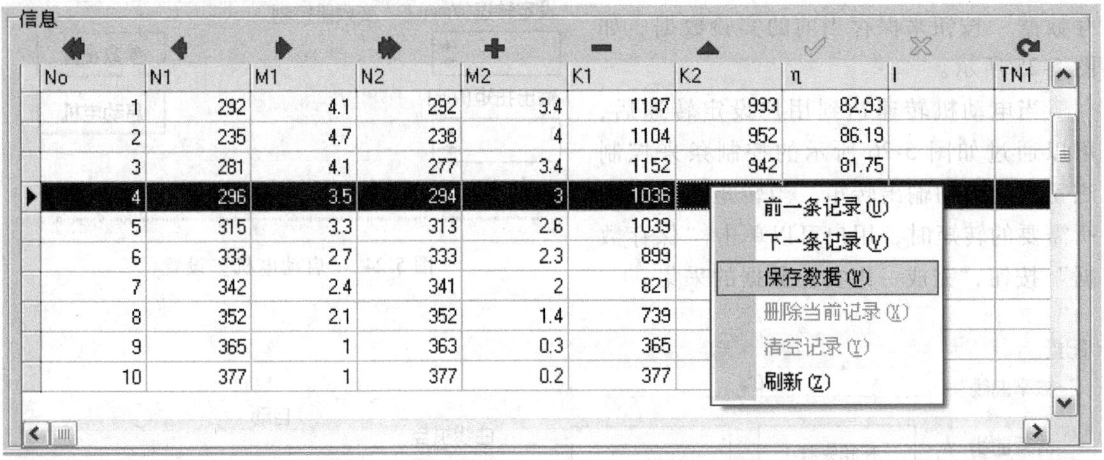

No	N1	M1	N2	M2	K1	K2	η	I	TN1
1	292	4.1	292	3.4	1197	993	82.93		
2	235	4.7	238	4	1104	952	86.19		
3	281	4.1	277	3.4	1152	942	81.75		
4	296	3.5	294	3	1036				
5	315	3.3	313	2.6	1039				
6	333	2.7	333	2.3	899				
7	342	2.4	341	2	821				
8	352	2.1	352	1.4	739				
9	365	1	363	0.3	365				
10	377	1	377	0.2	377				

图 5-28　测试记录数据库

用户以后查看。“删除当前记录”会删除当前选中的数据栏中数据（图 5-28 中的蓝色标记）。“清空记录”会删除当前所有采集的数据（注意此操作对数据是不可恢复的）。对数据的操作也可通过下图符号标签来实现，每个符号标签的含义如下：

-  回到第一条记录。
-  前一条记录。
-  后一条记录。
-  跳转到最后一条记录。
-  增加一条记录。
-  删除一条记录。
-  修改记录。
-  刷新记录。

八、实验步骤

实验步骤示意图如图 5-29 所示。

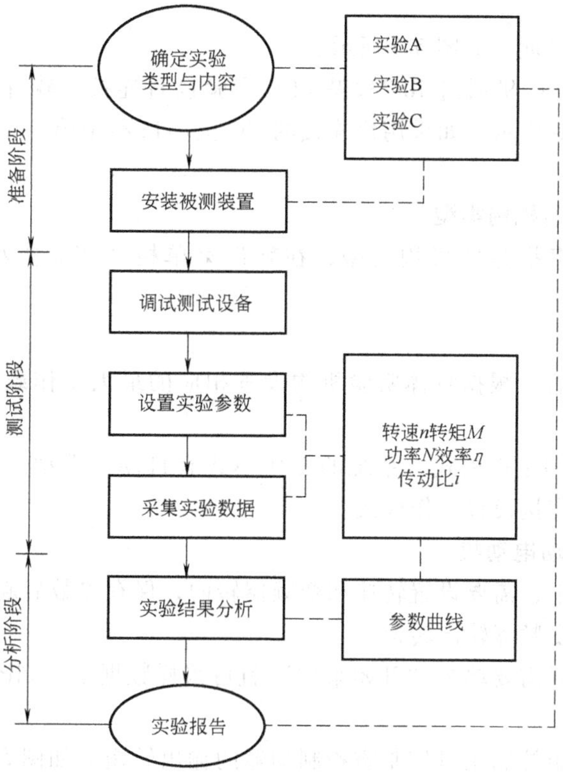

图 5-29　实验步骤示意图

1. 准备阶段

1）认真阅读实验指导书。

2）确定实验类型与实验内容。选择实验 A（典型机械传动装置性能测试实验）时，可从 V 带传动、同步带传动、套筒滚子链传动、圆柱齿轮减速器、蜗杆减速器等项目中，按附录 1 的要求选择 1~2 种进行传动性能测试实验。

选择实验 B（传动装置组成方案设计）时，则要按附录 3 的要求确定选用的典型机械传动装置及其组合布置方案，并进行性能测试和方案比较实验。传动装置组成方案设计表见表 5-3。

表 5-3　传动装置组成方案设计表

编　　号	组合布置方案 a	组合布置方案 b
实验内容 B1	V 带传动-齿轮减速器	齿轮减速器-V 带传动
实验内容 B2	同步齿形带传动-齿轮减速器	齿轮减速器-同步带传动
实验内容 B3	链传动-齿轮减速器	齿轮减速器-链传动
实验内容 B4	带传动-蜗杆减速器	蜗杆减速器-带传动
实验内容 B5	链传动-蜗杆减速器	蜗杆减速器-链传动
实验内容 B6	V 带传动-链传动	链传动- V 带传动

选择实验C（新型机械传动性能测试实验）时，要了解被测机械的功能与结构特点。

3）布置、安装被测机械传动装置（系统）。注意选用合适的调整垫块，确保传动轴之间的同轴线要求。

2. 测试阶段

（1）进入主程序界面　如图5-7所示。

（2）打开串口　PC机通过RS232串口与实验设备连接，软件默认选择的是PC机的COM1端口，如图5-10所示。如果用户连接的PC机串口不是第一个COM1，请选择到相应端口。

3. 选择需要实验的机构类型

根据机构运动方案搭建的机构类型，在软件菜单栏“实验类型”中选择。如图5-14所示。

4. 初始设置

（1）基本参数设置　根据具体实验机构设置相应的最大工作载荷和机构传动速比。如图5-12所示。

（2）选择系统实验工作模式　系统的工作模式有自动、手动。可通过初始设置→实验模式，或在配置界面直接设置工作模式。

5. 参数设置、起动电动机

如果在自动模式下，需要设置转速和变频器转向，保存参数后起动电动机，这时系统会自动采集参数和控制变频器输出转速。

在手动模式下，只需要单击“开始采样”就可采样数据了。如图5-22所示。

6. 控制输出转矩

用户通过控制转矩控制条可控制磁粉制动器的输出转矩。如图5-23所示。

7. 保存数据、显示曲线、拟合曲线

用户可以通过单击“保存数据”按钮来保存一组当前采集的实验数据，当前用户采集到足够数据后，就可以通过选择曲线显示选项来显示曲线以及拟合曲线。如图5-17、图5-3所示。

8. 保存实验数据、打印

学生完成一个实验后，可以保存所有实验数据以及打印实验报告。如图5-27和图5-9所示。

9. 复位

当用户完成本实验重新开始做实验时，可以通过复位来清除当前数据，不过用户需要先保存好前一次实验数据。以免造成不必要的损失。

10. 退出系统

用户完成实验后，需要正确退出系统。如图5-30所示。

九、实验注意事项

1）搭接实验装置前应仔细阅读本实验台的说明书，熟悉各主要设备性能、参数及使用方法，正确使用仪器设备及教学专用软件。

2）搭接实验装置时，由于电动机、被测试传动装置、传感器、加载器的中心高不一

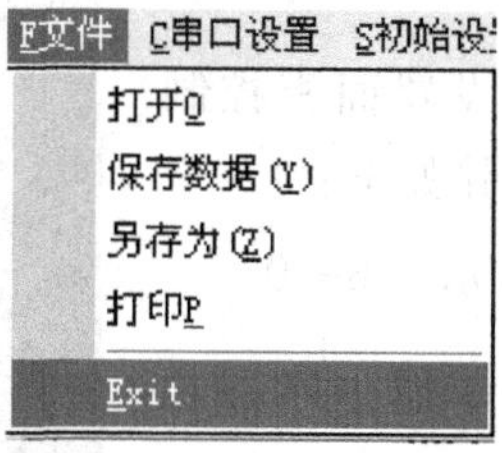

a)

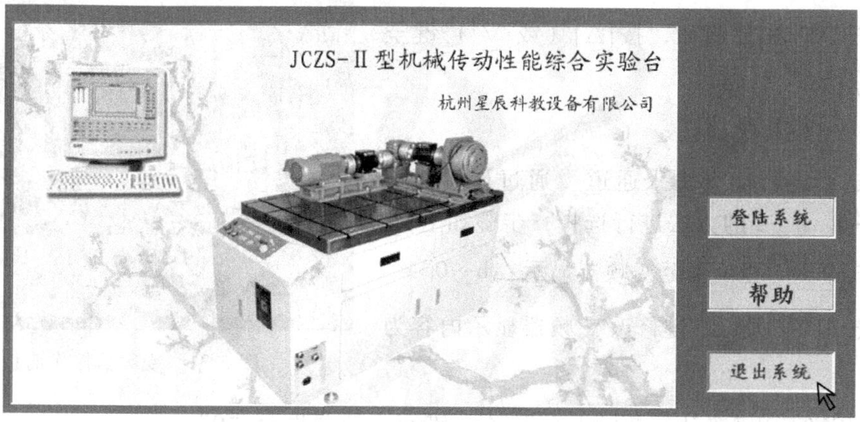

b)

图 5-30 退出系统

致，搭接时应选择合适的垫板、支撑座、联轴器，调整好设备的安装精度，从而保证测试的数据精确。

3）在搭接好实验装置后，用手驱动电动机轴，如果装置运转灵活，便可接通电源，进入实验装置，否则应仔细检查并分析造成运转干涉的原因，并重新调整装配，直到运转灵活。

4）本实验台采用风冷却磁粉制动器方式，注意其表面温度不能超过 80℃，实验结束后应及时卸除负载。

5）在施加实验载荷时，无论手动方式还是自动方式都应平稳加载，并且最大加载不得超过传感器的额定值。

6）无论做何种实验，都应先起动主电动机后再加载荷，严禁先加载后起动。

7）在实验过程中，如遇电动机转速突然下降或者出现不正常噪声和震动时都应按紧急停车按钮，防止烧坏电动机或发生其他意外事故。

8）变频器出厂前所有参数均设置好无需更改。

十、附录

附录 1 变频控制器操作方法

变频器操作面板如图 5-31 所示。具体操作如下：

1. 手动控制模式

（1）接通变频器电源 按下实验台控制操作面板上总电源及电动机电源开关按钮，接通变频器电源，变频器显示“0”。

(2) 选择频率输入通道 通过设置面板控制字 b—0、b—1 的方法进行选择，步骤如下：

1) 按 MODE 键，直至变频器显示“b—0”。

2) 按 SHIFT 及 △ 键修改变频器显示内容为“b—1”。

3) 按 ENTER 键确认，按 △（或 ▽）键至变频器显示“0”。

4) 按 ENTER 键确认。

(3) 选择运行命令输入通道 通过设置面板控制字 b—0、b—2 的方法进行选择，步骤如下：

1) 按 MODE 键，直至变频器显示“b—0”

2) 按 SHIFT 及 △ 键修改变频器显示内容为“b—2”。

图 5-31 变频器操作面板

3) 按 ENTER 键确认，按 △（或 ▽）键至变频器显示“0”。

4) 按 ENTER 键确认。

(4) 复位 按两次 MODE 键，变频器复位，显示“0”，进入手动（面板）控制模式待机状态。

2. 自动控制模式

(1) 接通变频器电源 按下实验台控制操作面板上总电源及电动机电源开关按钮，接通变频器电源，变频器显示“0”。

(2) 选择频率输入通道 通过设置外部电压信号控制字 b—1、b—2 的方法选择，步骤如下：

1) 按 MODE 键，直至变频器显示“b—0”。

2) 按 SHIFT 及 △ 键修改变频器显示“b—1”。

3) 按 ENTER 键确认，按 △（或 ▽）键至变频器显示“2”。

4) 按 ENTER 键确认。

(3) 选择运行命令输入通道 通过设置外部方式控制字 b—2、b—1 的方法选择，步骤如下：

1) 按 MODE 键，直至变频器显示“b—0”。

2) 按 SHIFT 及 △ 键修改变频器显示“b—2”。

3) 按 ENTER 键确认，按 △（或 ▽）键至变频器显示“1”。

4) 按 ENTER 键确认。

（4）复位　按两次[MODE]键，变频器复位，显示“0”，变频器进入自动（外部）控制模式待机状态。

注意：变频器对控制模式具有记忆功能，断电重启后默认前次设置的控制模式，所以若要改变控制模式，必须重新设置控制字。

附录 2　典型机械传动装置性能测试实验任务卡

任务卡 1：

工作条件：载荷有冲击，工作机距原动机较远。

任务卡 2：

工作条件：载荷有冲击，要求传动比准确。

任务卡 3：

工作条件：载荷平稳，工作环境有粉尘，传动比较小，要求传动比准确。

任务卡 4：

工作条件：载荷平稳，工作环境有粉尘，传动比在 10 左右，要求传动比准确。

任务卡 5：

工作条件：载荷较小且平稳，工作环境有粉尘，传动比在较大，要求传动比准确。

任务卡 6：

工作条件：载荷较小且平稳，要求传动比准确。

实验要求：

设计满足条件的机械传动，按照所设计传动方案在综合实验台上搭接机械传动性能测试系统。参考附录 3 写出实验方案书，参考附录 6 写出实验报告。

附录 3　典型机械传动装置性能测试实验方案书

实验任务：任务卡 1

1. 已知条件

工作条件：载荷有冲击，工作机距原动机较远。

2. 实验目的

1）测试常用机械传动装置（如带传动、链传动、齿轮传动、蜗杆传动等）在传递运动与动力过程中的参数曲线（速度曲线、转矩曲线、传动比曲线、功率曲线及效率曲线等），加深对常见机械传动性能的认识和理解。

2）培养学生根据机械传动实验任务进行自主实验的能力，提高学生对设计性实验与创新性实验的认识。

3）通过实验掌握机械传动性能综合测试的工作原理和方法，掌握计算机辅助实验的新方法。

3. 机械传动方案设计

根据工作条件选择带传动，因为带传动具有缓冲吸振的特点，适合载荷有冲击的工作条件。

4. 机械传动系统性能测试原理

机械传动系统性能综合测试实验台工作原理如图 5-2 所示。

实验台通过转矩、转速传感器、转矩、转速测量卡和计算机可以自动测试传动装置的转速 n（r/min）、转矩 M（N · m）。利用实验台配套的测试软件可采集转速、转矩、功率、传动比和效率数据，其中功率、传动比和效率数据是根据传感器测量数据通过如下关系计算得到。

功率：
$$N=\frac{Mn}{9550}$$

传动比：
$$i=\frac{n_1}{n_2}$$

效率：
$$\eta=\frac{N_2}{N_1}$$

带传动的相关参数计算式为：

小带轮的圆周速度：
$$V_1=\frac{\pi d_{d1}n_{d1}}{60\times1000}$$

大带轮的圆周速度：
$$V_2=\frac{\pi d_{d2}n_{d2}}{60\times1000}$$

式中　n_{d1}、n_{d2}——小带轮、大带轮的转速；

d_{d1}、d_{d2}——小带轮、大带轮基准直径。

带的有效拉力：
$$F=\frac{N_1}{V_1}$$

带传动滑差率：
$$\varepsilon=\frac{V_1-V_2}{V_1}\times100\%$$

式中　N_1——带传动的功率。

机械传动系统性能分析一般通过观察传动系统工作情况和分析机械传动性能参数曲线来得到。要观察系统传动是否平稳、有否噪声。要分析系统的传动比、效率在转速不变的情况下，随转矩变化的曲线，转速可在高速、中速范围内取几个恒定的值进行测量；传动比、效率在转矩不变的情况下，随转速变化的曲线，转矩可在大负荷、中负荷范围内取几个恒定的值进行测量；通过改变负荷的大小，观察带传动的滑差率随有效拉力的变化情况。

实验台各传动装置和测试设备的安装如图 5-32 所示（为保证各设备中心在同一个平面，要确定合适的垫板厚度）。

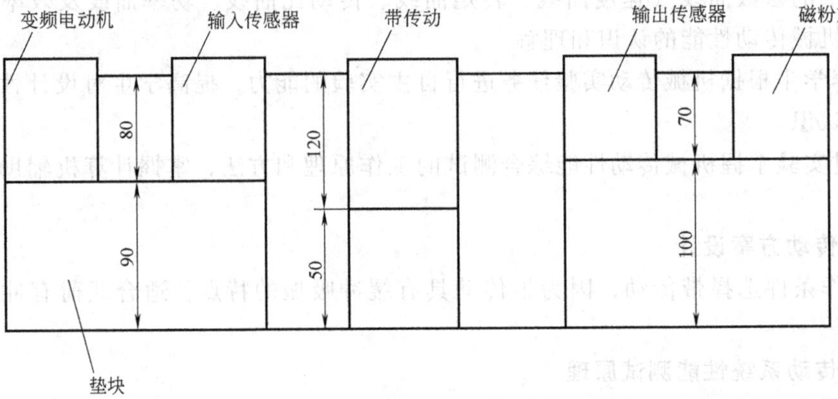

图 5-32　传动方案安装示意图

5. 实验步骤

实验步骤如图 5-33 所示。

1）按照系统平面布置图，搭接机械传动测试系统，并正确连线。

2）在起动电动机前，用手转动连接轴，观察并感觉系统运转是否灵活，否则要重新检查直至达到要求。

3）起动计算机和测试软件，将控制台的电动机工作方式置于自动。请实验指导老师检查通过后，进行下步实验。

4）转矩、转速传感器调零，选择所要测量的性能参数和所要打印的数据曲线。

5）根据所设计的实验方案改变负载或者转速，利用软件进行数据采样和数据记录，同时观察并记录系统运转情况，如遇异常情况要及时处理。

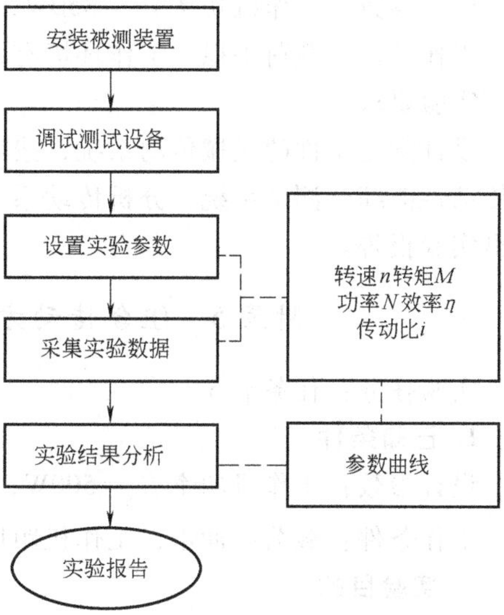

图 5-33　实验步骤

6）测试完毕，要及时卸载，关闭主电动机。

7）将数据和曲线打印出来。在实验指导老师许可后方可离开。

6. 思考题

1）带传动的弹性滑动现象与打滑有何区别？它们产生的原因是什么？

2）影响带传动的弹性滑动与传动能力的因素有哪些？为什么？

3）通过实验结果分析转矩对传动性能的影响？

4）通过实验结果分析转速对传动性能的影响？

附录 4　组合传动方案设计和性能测试实验任务卡

任务卡 1：

设计参数：工作机功率 $P_w = 500W$，工作机转速 $n_w = 150r/min$。

工作条件：载荷有冲击，工作机距原动机较远。

任务卡 2：

设计参数：工作机功率 $P_w = 500W$，工作机转速 $n_w = 150r/min$。

工作条件：载荷有冲击，要求传动比准确。

任务卡 3：

设计参数：工作机功率 $P_w = 500W$，工作机转速 $n_w = 150r/min$。

工作条件：载荷平稳，工作环境有粉尘，要求传动比准确。

任务卡 4：

设计参数：工作机功率 $P_w = 350W$，工作机转速 $n_w = 200r/min$。

工作条件：载荷有冲击。

任务卡 5：

设计参数：工作机功率 $P_w = 350W$，工作机转速 $n_w = 200r/min$。

工作条件：载荷有冲击，要求传动比准确。

任务卡6：

设计参数：工作机功率 $P_w=350W$，工作机转速 $n_w=200r/min$。

工作条件：载荷平稳，工作环境有粉尘，要求传动比准确。

实验要求：

设计满足条件的机械传动系统，按照所设计传动系统的组成方案在综合实验台上搭接机械传动性能综合测试系统，分析传动系统的性能。参考附录5写出实验方案书，参考附录6写出实验报告。

附录5　组合传动方案设计和性能测试实验方案书

实验任务：任务卡5

1. 已知条件

设计参数：工作机功率 $P_w=500W$，工作机转速 $n_w=150r/min$。

工作条件：载荷有冲击，工作机距原动机较远。

2. 实验目的

1）掌握机械传动设计的一般方法，设计满足条件的机械传动系统，完成传动系统运动参数和组成方案设计。

2）掌握机械传动系统性能测试的基本原理和方法，按照组成方案搭接机械传动性能测试系统并进行测试，完成组成方案的机械性能分析，树立用实验手段来分析机械设计方案的思想。

3. 机械传动系统方案设计

初选电动机→计算总传动比，确定传动级数→确定传动组成方案→分配各级传动比→画出传动系统简图。

根据工作条件，选择同步齿形带传动和齿轮传动组成的二级传动系统，因为同步齿形带传动具有缓冲吸振和传动比准确的特点，既适合冲击载荷、同时又满足了传动比准确的工作条件。

4. 机械传动系统性能测试原理

机械传动系统性能综合测试实验台工作原理如图5-2所示。

实验台通过转矩、转速传感器、测量卡和计算机可以自动测试传动装置的转速 n（r/min）、转矩 M（N · m）。利用实验台配套的测试软件可采集转速、转矩、功率、传动比和效率数据，其中功率、传动比和效率数据是根据传感器测量数据通过如下关系计算得到。

功率：
$$N=\frac{Mn}{9550}$$

传动比：
$$i=\frac{n_1}{n_2}$$

效率：
$$\eta=\frac{N_2}{N_1}$$

机械传动系统性能分析一般通过观察传动系统工作情况和分析机械传动性能参数曲线来得到。要观察系统传动是否平稳、有否噪声。要分析系统的传动比、效率在转速不变的情况下，随转矩变化的曲线，转速可在高速、中速范围内取几个恒定的值进行测量；传动比、效率在转矩不变的情况下，随转速变化的曲线，转矩可在大负荷、中负荷范围内取几个恒定的值进行测量；带传动的滑差率随有效拉力的变化情况。

实验台各传动装置和测试设备的安装图如图 5-34 所示（为保证各设备中心在同一个平面，要确定合适的垫板厚度）。

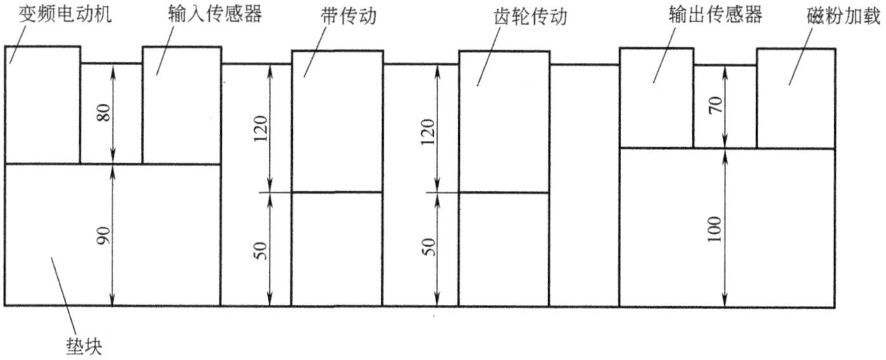

图 5-34 传动方案安装示意图

5. 实验步骤

实验步骤如图 5-33 所示。

1）按照系统平面布置图，搭接机械传动测试系统，并正确连线。

2）在起动电动机前，用手转动连接轴，观察并感觉系统运转是否灵活，否则要重新检查直至达到要求。

3）启动计算机和测试软件，将控制台的电动机工作方式置于自动。请实验指导老师检查通过后，进行下步实验。

4）转矩、转速传感器调零，选择所要测量的性能参数和所要打印的数据线。

5）根据所设计的实验方案改变负载或者转速，利用软件进行数据采样和数据记录，同时观察并记录系统运转情况，如遇异常情况要及时处理。

6）测试完毕，要及时卸载，关闭主电动机。

7）将数据和曲线打印出来。在实验指导老师许可后方可离开。

6. 思考题

1）通过实验结果分析转矩对传动性能的影响？

2）通过实验结果分析转速对传动性能的影响？

3）多级机械传动系统方案的选择中应考虑哪些问题？

附录6　机械传动性能综合测试实验报告

班　级__________________ 学　号__________________ 姓　名__________________

同组者__________________ 日　期__________________ 成　绩__________________

实验任务：

1. 已知条件

设计参数：

工作条件：

2. 实验目的

3. 机械传动系统方案设计

4. 实验原理

5. 实验步骤

6. 实验数据和数据曲线

7. 实验分析和结论

8. 实验总结及建议

第六章　动压滑动轴承实验

说明

1）本实验的设备按处理和采集数据方法的不同可分为两种，即人工采集和处理实验数据的实验设备及数据采集和处理均由计算机完成的多媒体实验设备。属综合测试类实验。

2）建议实验时间2学时。

一、实验目的

1）观察滑动轴承的结构。

2）观察滑动轴承动压润滑油膜的形成过程，验证动压油膜在径向和轴向的压力分布规律，测定及仿真其径向油膜压力分布和轴向油膜压力分布，绘制油膜压力分布曲线。

3）观察载荷和转速改变时油膜压力的变化情况。

4）了解液态摩擦因数的测量方法，测定及仿真其摩擦特征曲线，并绘制滑动轴承的摩擦特性曲线，同时分析影响液态摩擦因数的因素。

二、HS—A型滑动轴承实验台结构、原理及实验过程

1. 主要结构

如图6-1所示，该设备主要由动压滑动轴承、油压表、测力百分表、螺旋加载机构、压力传感器、油膜指示灯、电动机及控制系统组成。

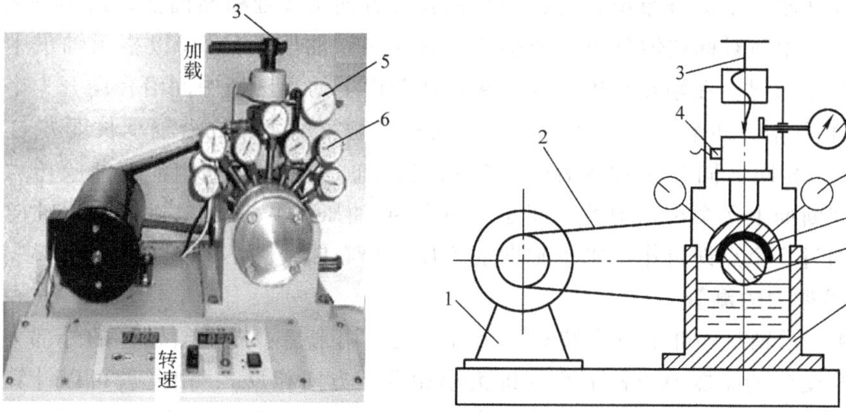

a)实物图　　b)原理图

图6-1　HS—A型滑动轴承实验台主要结构

1—电动机　2—传动带　3—螺旋加载机构　4—压力传感器

5—测力百分表　6—油压表　7—轴瓦　8—轴颈　9—支座

2. HS—A 型滑动轴承实验台主要技术参数

1）润滑油：油号：L—AN32，动力黏度 η（Pa · s）：0.028，摩擦力标定系数 K：0.098N/格。

2）测力点距轴承中心距离（摩擦力力臂）：$L=120$mm。

3）实验轴承：轴承内径 $d=70$mm，有效宽度 $B=125$mm；轴承组件自重 $W_0=4$kg。

3. 油膜形成（摩擦状态）指示装置

在图 6-1a 所示实验台控制面板上，设有一个油膜指示灯，油膜指示灯电路通过轴颈和轴瓦连成回路，如图 6-2 所示。当轴不转动时，轴颈和轴瓦直接接触，油膜指示灯电路接通，指示灯很亮；当轴低速转动时，润滑油进入轴颈和轴瓦之间形成很薄的油膜，轴颈和轴瓦之间的凸峰部分仍在接触，故指示灯忽亮忽暗；当轴达到一定转速时，轴颈和轴瓦之间形成的压力油膜将轴颈和轴瓦完全隔开，指示灯就不再亮了。

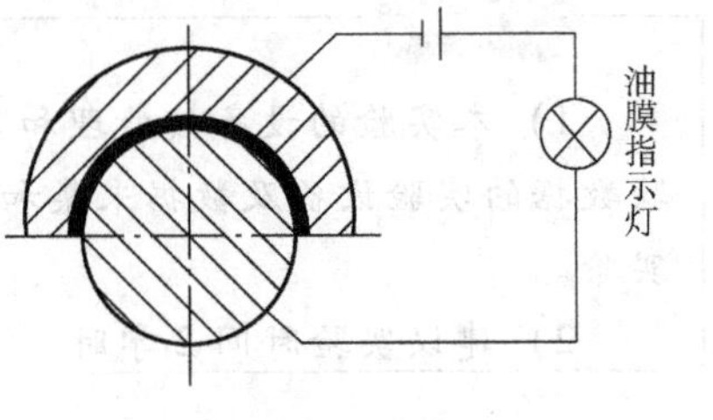

图 6-2　油膜指示装置原理图

4. 轴承的传动与加载

如图 6-1b 所示，轴的轴颈 8 由电动机通过传动带拖动，载荷通过螺旋加载（或杠杆加载）机构加在轴瓦 7 上（载荷为 W）。若考虑轴瓦组件自重 W_0，可将 W_0 加到外加载荷 W 上，一般可忽略轴瓦自重。

5. 动压油膜压力的测量

如图 6-3 所示，滑动轴承实验台的核心部分为由轴颈和轴瓦（半轴瓦）组成的滑动回转副。为了测量轴颈与轴瓦之间润滑油膜的压力，在各测试点对应的轴瓦上沿径向钻有小孔，通过这些小孔外接油压表，指示这些测试点的油膜压力。

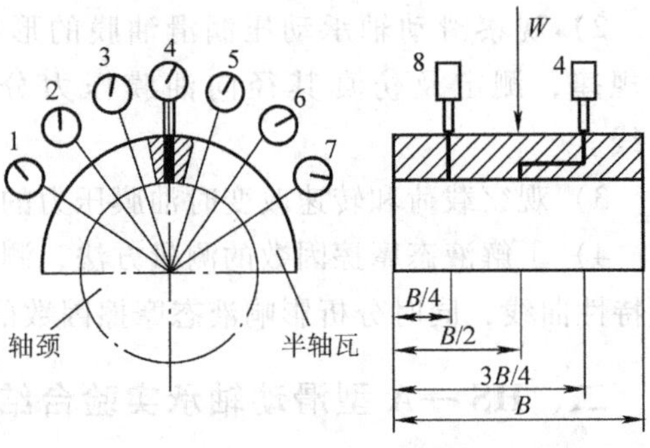

图 6-3　压力表分布图

这些小孔在轴瓦上的分布位置为：在轴瓦长度方向 1/2 处横断面上，沿半圆周方向，在 120°范围内，以中间对称均匀分布 7 个小孔（接 1# ~ 7#油压表），用以指示轴承中间断面径向油膜压力分布情况。在轴瓦长度方向 1/4 处横断面上的半圆周中间沿径向开 1 个小孔（接 8#油压表），由于轴承的轴向油膜压力分布呈对称抛物线规律，故沿轴承长度方向 1/4 和 3/4 处的油膜压力相同（同为 8#油压表的示数），且沿轴线轴承两端因泄漏油膜压力为零。上述四点与中间断面上 7 个小孔中的中间小孔（接 4#油压表）一起来指示轴承轴向油膜压力分布情况，通过 5 个点即可作出轴承轴向油膜压力分布曲线。

6. 轴承摩擦力的测量

如图 6-4 所示轴瓦外部上方安装有一个百分表，用来指示提供给轴瓦的外部力矩。该外部力矩与轴瓦受到的摩擦力矩相平衡（即大小相等、方向相反），由此就可以计算出轴颈与轴瓦之间的摩擦力及摩擦因数。具体算法为：用百分表的示数 Δ（格数）乘以标定系数 K，可得到百分表作用点处的作用力 F；用 F 乘以力臂 L 可得到轴瓦受到的外部力矩（即为摩擦力矩 T）；再用该力矩除以轴承半径 $d/2$ 即为摩擦力；最后用摩擦力除以正压力（载荷 W）即可得到摩擦因数 f。计算公式为

由：　$FL=F_{瓦}\ d/2 \quad F=\Delta K \quad F_{瓦}=fW$

得：　$$f=\frac{Fl}{\frac{d}{2}W}=\frac{2FL}{dW}=\frac{2\Delta KL}{dW}$$

式中　W——轴承载荷（N）；

d——轴承直径（mm）；

Δ——百分表读数（格数）；

K——标定系数。

轴承特性系数

$$\lambda=\frac{\eta n}{p}$$

式中　η——润滑油动力黏度（Pa · s）；

n——主轴转速（r/min）；

p——轴承的平均压强（MPa），$p=\dfrac{W}{dB}$；

B——轴瓦宽度（mm）。

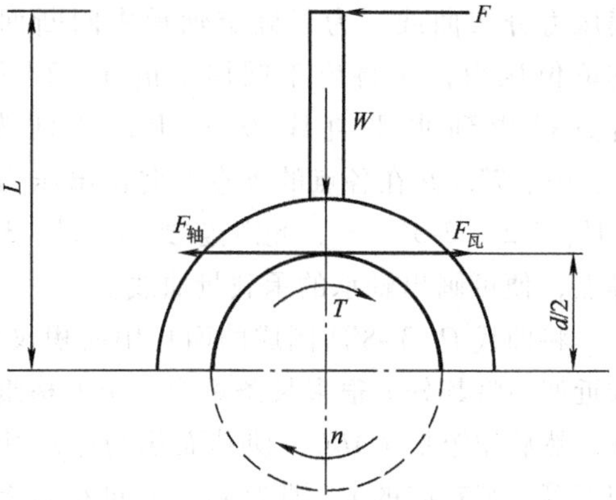

图 6-4　轴瓦受力图

7. 实验方法

1）打开电源前，应先将电动机调速旋钮逆时针轻旋到零，以避免开机时电动机突然起动。

2）打开电源前，应先将外载荷 W 卸掉，以避免因带载起动而造成轴瓦磨损。

3）接通电源，通过载荷调零旋钮将载荷显示器调零，并将测力百分表调零。

4）起动电动机并调速至 400r/min，分别施加 40kgf[⊖]、60kgf 的外载荷，测量油膜压力分布数据；然后将电动机调速至 300r/min，读出对应的百分表示数 Δ，再把电动机的转速每次下调 50 转，得到 250r/min、200r/min、150r/min、100r/min、50r/min，读出对应的百分表示数 Δ，用于计算摩擦因数 f。

5）在测量静态摩擦力时，将电动机转速调至零，并加外载荷 40kgf、60kgf；然后用手拉动 V 带，按轴承转动方向转动带轮，记录测力百分表读数（格数）Δ。读表时应注意大表针的整圈数（小表针相对摆动格数）。

6）记录完全部数据后，先将电动机转速调至零，再关闭电源；卸掉外载荷（旋松加载螺杆或卸掉加载砝码），以避免以后的使用者因误操作而带载起动。

8. 实验曲线的绘制

（1）周向油膜压力分布曲线（图 6-5）根据油膜压力分布的大小以一定的比例尺在方格纸上绘出油膜压力分布曲线。如图 6-5 所示，以轴承内径 d 为直径作一圆，以 Y 轴为中心，在圆周上向左、向右每隔 20°各取一点，共得 7 点，即 7 只压力表所接油孔位置 1、2、3、4、5、6、7。过这些点沿半径的延长方向量出矢量 1-1′、2-2′、3-3′、4-4′、5-5′、6-6′、7-7′，其大小与对应油压表读数成正比（可取 2～3cm 代表 1kgf/cm^2）。用曲线板把压力矢量末端 1′、2′、3′、4′、5′、6′、7′等点连成一光滑曲线，这条曲线便是位于轴承中间断面的油

⊖　1kgf＝9.8N，后同。由于实验设备的原因，本章采用 kgf 作为载荷单位。

膜压力分布曲线。为了确定轴承中间断面的平均单位压力，先将位于圆周上的 1、2、…、7 各点投影到水平直线 $O'X'$ 上，分别为 1″、2″、…、7″，并在各点的垂直方向作出压力矢量 1-1′、2-2′、3-3′、…，光滑连接 1′、2′、3′、…等点，便可画出轴承的承载量曲线。

将曲线 O'-3′-8′所围成的面积用面积仪求出，或近似地将其分成很多长条矩形并用方格纸数出来，然后作矩形 $OABC$，使其面积与曲线所围面积相等，则对应的 p_m 即为轴承中间断面上的平均单位压力（比例必须与上面相同）。

（2）轴向油膜压力分布曲线　轴承轴向油膜压力分布曲线的形状是比较复杂的，实验证明，它沿轴颈长度对称分布，并近似于一条抛物线。

如图 6-6 所示，作一水平线段，其长度为轴承有效长度 L= 125mm，在中点的垂线上按一定的比例尺标出该点的压力 $P4$（端点为 4′），在距两端 $L/4$ 处分别作垂线，并在垂线上标出压力 $p8$（图 6-3 中压力表 8 的读数）；轴承两端压力均为 0。将 0、8′、4′、8′、0 五点连成一光滑曲线，用前述方法即可求出其平均压力 p_a。

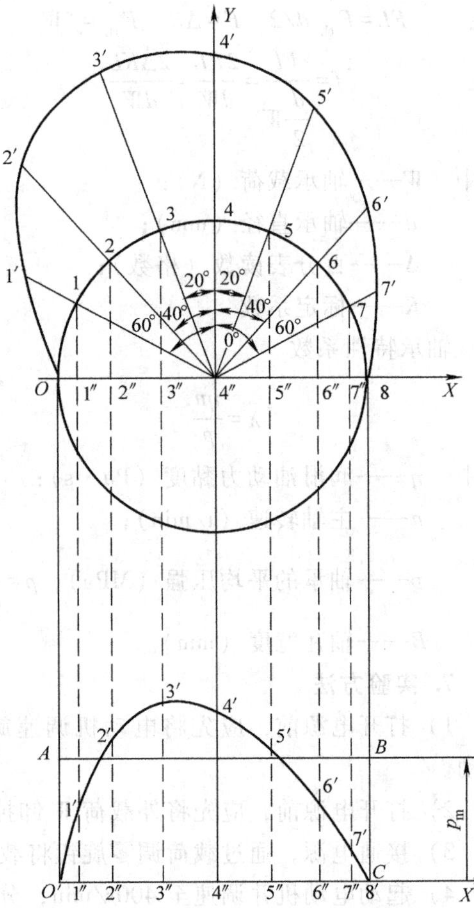

图 6-5　周向油膜压力分布曲线

（3）轴承摩擦特性曲线　根据轴承摩擦力测量和计算得到的 λ 及 f 值绘制轴承摩擦特性曲线，如图 6-7 所示。

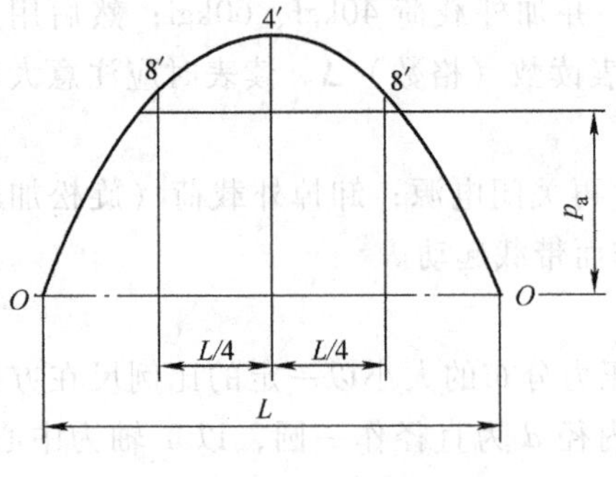

图 6-6　轴向油膜压力分布曲线

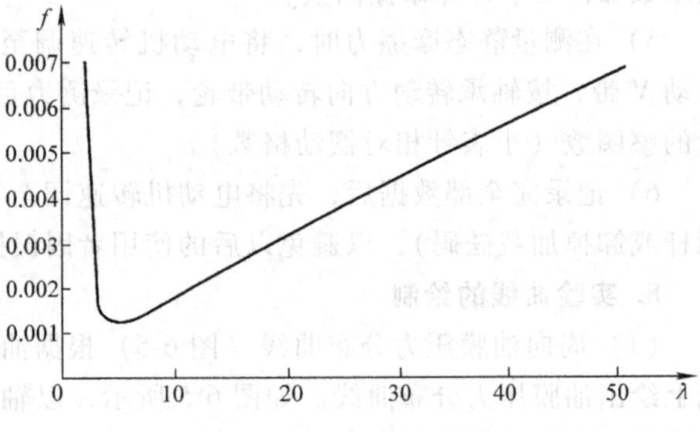

图 6-7　轴承摩擦特性曲线

三、HS—B 型滑动轴承实验台结构、原理及实验过程

1. 主要结构

如图 6-8 所示，该实验台主轴 10 由两个高度精密的单列深沟球轴承支撑。直流电动机 2

和主轴10之间用V带3进行传动，主轴顺时针旋转，其上装有精密加工制造的主轴瓦11，由装在底座里的调速器实现主轴的无级变速，轴的转速由装在操纵面板1上的数码管直接读出。

主轴瓦的外圆上方有加载装置，螺旋加载杆6即可对轴瓦加载，加载大小由外加载荷传感器5传出，由面板上的数码管显示。

主轴瓦上装有测力杆，通过测力计装置可由摩擦力传感器测力装置7读出摩擦力值，并在面板的相应数码管上显示。

主轴瓦前端装有7只测径向压力的油压传感器8，7只油压传感器的油压测量点位于轴瓦的1/2截面处。

在轴瓦全长1/4处装有一个轴向油压传感器4。

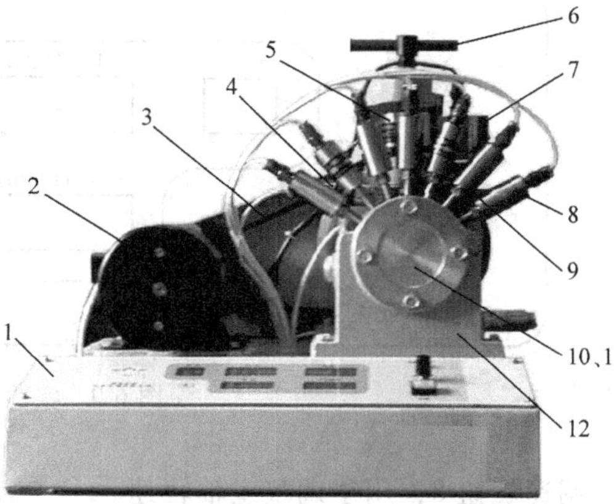

图6-8　HS—B型滑动轴承实验台外形图

1—操纵面板　2—电动机　3—V带　4—轴向油压传感器　5—外加载荷传感器　6—螺旋加载杆　7—摩擦力传感器测力装置　8—径向油压传感器（7只）　9—传感器支撑板　10—主轴　11—主轴瓦　12—主轴箱

实验中如需拆下主轴瓦观察，则要按下列步骤进行：

1）旋出负载传感器接头；

2）用内六角扳手将传感器支撑板9上的两个内六角螺钉拆下，拿出传感支撑板即可将主轴瓦卸下。

2. HS—B型动轴承试验台主要技术参数

1）试验轴瓦：内直径 $D=60$mm，有效长度 $b=125$mm；

2）主轴：直径 $d=70$mm，材料为45钢，表面淬火，表面粗糙度 $Ra=0.8\mu$m；

3）载荷传感器：精度0.1%，量程2000N；

4）加载范围：0~2000N；

5）摩擦力传感器：精度0.1%　量程0~50N；

6）油膜压力传感器：精度0.01%　量程0~0.6MPa；

7）测力杆上的测力点与轴承中心距离：$L=120$mm；

8）电动机功率：355W；

9）调速范围：3~500r/min。

10）试验台质量：52kg。

3. 实验台操纵面板说明（图6-9）

数码管1：径向、轴向传感器顺序号，1~7号为7只径向传感器序号，8号为轴向传感器序号。

数码管3：径向、轴向油膜压力传感器采集的实时数据。

数码管4：主轴转速传感器采集的实时数据。

数码管5：摩擦力传感器采集的实时数据。

数码管6：外加载荷传感器采集的实时数据。

油膜指示灯7：用于指示轴瓦与轴颈间的油膜状态。

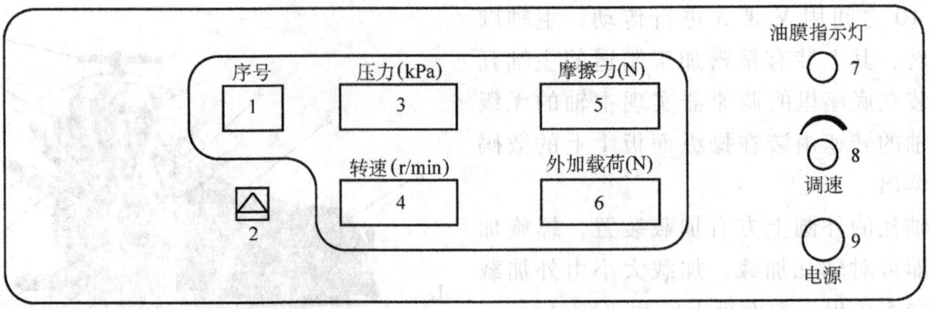

图 6-9 实验台操纵面板布置

调速旋钮 8：用于调整主轴转速。

电源开关 9：此按钮为带自锁的电源按钮。

序号显示按钮 2：按此键可显示 1~8 号油压传感器顺序号和相应的油压传感器采集的实时数据。注：此键仅用于观察和手动记录各油压传感器采集的数据，软件所需数据将由控制系统自动发送、接收和处理。

4. 电气控制工作原理

（1）仪器电气测量控制系统的组成

1）电动机调速部分。该部分采用专用的、由脉宽调制（PWM）原理设计的直流电动机调速电源，通过调节面板上的调速旋钮实现对电动机的调速。

2）直流电源及传感器放大电路部分。该电路板由直流电源及传感器放大电路组成，直流电源主要向显示控制板和 10 组传感器放大电路（将 10 个传感器的测量信号放大到规定幅度，供显示控制板采样测量）供电。

3）显示测量控制部分。该部分由单片机、A/D 转换和 RS232 接口组成。单片机负责转速测量和 10 路传感器信号采样，经采集的参数传输到面板进行显示。另外各采集的信号经 RS232 接口传输到上位机（计算机）进行数据处理。不同的油膜压力信号可通过面板上的触摸按钮选择。该功能可脱机（不需计算机）运行，手工对各采集的信号进行处理。

仪器工作时，如果轴瓦和轴颈之间无油膜，则很可能烧坏轴瓦，为此人为设计了轴瓦保护电路。如无油膜，油膜指示灯亮，正常工作时，油膜指示灯灭。

仪器的负载调节控制由三部分组成：一部分为负载传感器，另一部分为电源和负载信号放大电路，第三部分为负载 A/D 转换及显示电路。传感器为柱式传感器，在轴向布置了两个应变片来测量负载。负载信号通过测量电路转换为与之成比例的电压信号，然后通过线性放大器使峰值达到 1V 以上。最后该信号送至 A/D 转换器及显示电路，并在面板上直接显示负载值。

（2）电气装置技术参数

1）直流电动机功率：355W。

2）测速部分：

① 测速范围：1~375r/min；

② 测速精度：±1r/min。

3）工作条件：

① 环境温度：-10～+50℃；

② 相对湿度：≤80%；

③ 电源：AC 220V±10%，50Hz；

④ 工作场所：无强烈电磁干扰和腐蚀性气体。

5. 软件界面操作说明

（1）封面（图 6-10）　在封面上非文字区单击左键，即可进入滑动轴承实验教学界面。

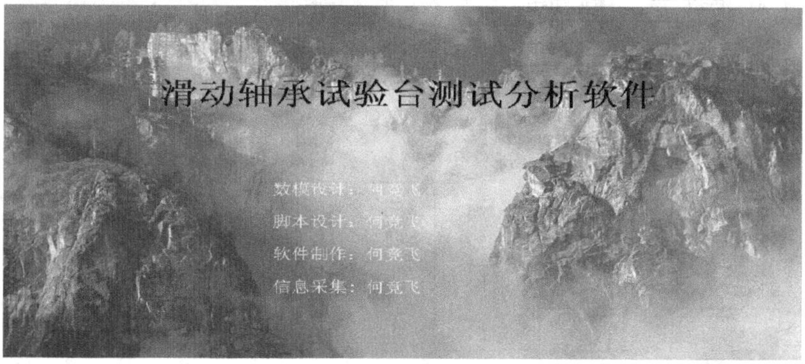

图 6-10　封面

（2）滑动轴承实验教学界面（图 6-11）

“实验指导”：单击此键，进入实验指导书界面。

“进入油膜压力分析”：单击此键，进入油膜压力仿真与测试分析实验界面。

“进入摩擦特性分析”：单击此键，进入摩擦特性连续实验界面。

“实验参数设置”：单击此键，进入实验参数设置界面。

“退出”：结束程序的运行，返回 Windows 界面。

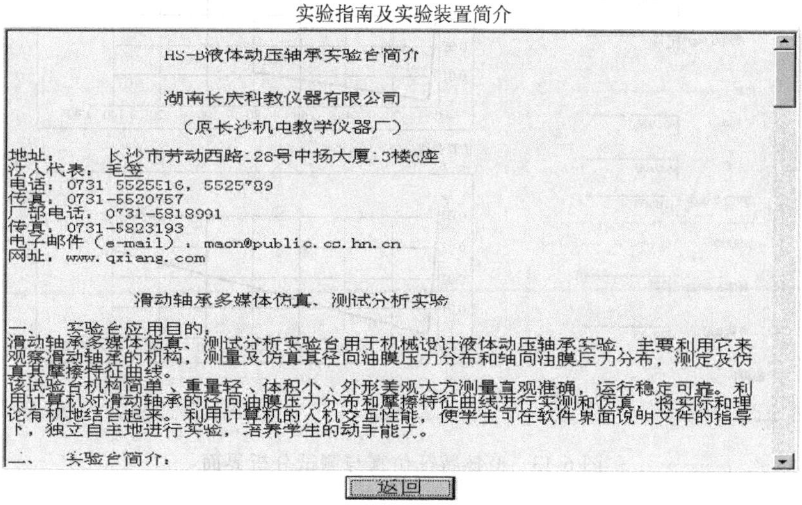

图 6-11　实验教学界面

（3）滑动轴承油膜压力仿真与测试分析界面（图 6-12）

“稳定测试”：单击此键，进入稳定测试。

“历史文档”：单击此键，进行历史文档再现。

“打印”：单击此键，打印油膜压力的实测与仿真曲线。

“手动测试”：单击此键，进入油膜压力手动分析实验界面。

“返回”：单击此键，返回滑动轴承实验教学界面。

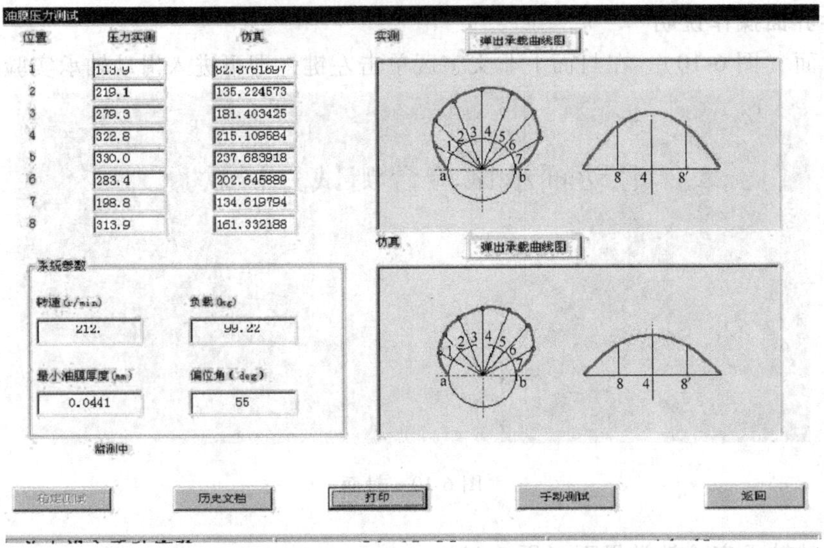

图 6-12 油膜压力仿真与测试分析界面

（4）滑动轴承摩擦特征仿真与测试分析界面（图 6-13）

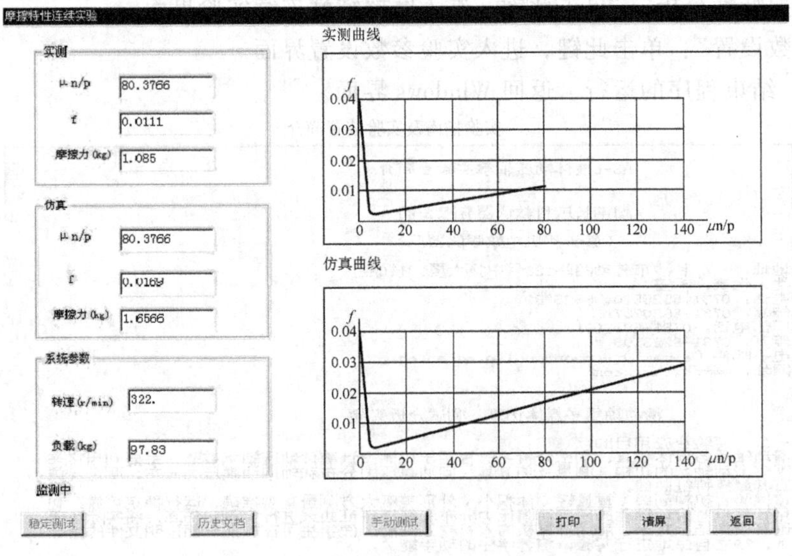

图 6-13 摩擦特征仿真与测试分析界面

“稳定测试”：单击此键，开始稳定测试。

“历史文档”：单击此键，进入历史文档再现。

“手动测试”：单击此键，输入各参数值，即可进行摩擦特性的手动测试。

“打印”：单击此键，打印摩擦特性连续实验的实测与仿真曲线。

“返回”：单击此键，返回滑动轴承实验教学界面。

6. 实验方法

1）在封面上非文字区单击左键，即可进入滑动轴承实验教学界面。

2）在滑动轴承实验教学界面上单击“实验指导”键，单击“进入油膜压力分析”键，进行油膜压力分析。

3）起动实验台的电动机。在做滑动轴承油膜压力仿真与测试实验时，均匀旋动调速按钮，待转速达到一定值后，测定滑动轴承各测试点的压力值。在做滑动轴承摩擦特征仿真与测试实验时，均匀旋动调速按钮，使转速在 375±2r/min 变化，测定滑动轴承所受的摩擦力矩。

4）在滑动轴承油膜压力仿真与测试分析界面上，单击“稳定测试”键，稳定采集滑动轴承各测试数据。测试完成后，将得出实测仿真 8 个压力传感器位置点的压力值。实测仿真曲线自动绘出，同时弹出“另存为”对话框，提示保存。单击“打印”键，弹出“打印”对话框，选择后，将滑动轴承油膜压力仿真曲线图和实测曲线图打印出来。

5）在滑动轴承摩擦特征仿真与测试分析界面上，单击“稳定测试”键，稳定采集滑动轴承各测试数据。测试完成后，仪器自动绘制滑动轴承摩擦特征实测仿真曲线图，单击“打印”键，弹出“打印”对话框，选择后，将滑动轴承摩擦特性仿真曲线图和实测曲线图打印出来。

6）如果实验结束，单击“退出”按钮，返回 Windows 界面。

7. 注意事项

开机前的准备：

初次使用时，需仔细阅读该产品的说明书，特别是注意事项。关掉实验台操作面板上的调速按钮，使电动机停转。

1）使用的全损耗系统用油必须通过过滤才能使用。使用过程中严禁灰尘及金属屑混入油内。

2）由于主轴和轴瓦加工精度高，配合间隙小，润滑油进入主轴和轴瓦间隙后，不易流失，在做摩擦因数测定时，油压表的压力不易回零。需人为把轴瓦抬起，使油流出。

3）所加载荷不允许超过 150kgf，以免损坏负载传感器元件。

4）全损耗系统用油牌号可根据具体环境、温度，在 L—AN15～L—AN46 内选择。

5）为防止主轴瓦在无油膜运转时烧坏，在面板上装有无油膜报警指示灯。正常工作时指示灯熄灭。严禁在指示灯亮时使主轴高速运转。

6）做摩擦特征曲线实验，应从较高转速（300r/min）逐渐降速，加载载荷在 70～120kgf 中选择一定值，并在整个过程中保持这一定值至实验结束。当载荷超过 80kgf 和转速小于 10r/min 时建议停止实验，否则会缩短设备的使用寿命。

四、实验记录

承载量测定：

总载荷　$F=$　　　kgf　　　　　　主轴转速　$n=$　　　　r/min

表 6-1　压力表读数

压力表（从左至右）	1	2	3	4	5	6	7	8
读数/（kgf/cm^2）								

摩擦因数测定：

表 6-2　百分表读数及摩擦因数和轴承特性值计算

主轴转速/（r/min）	$W=$　　kgf		
	ΔK	f	λ
400			
300			
250			
200			
150			
100			
50			

五、附录

动压滑动轴承测试与分析实验报告

班　级________________ 学　号________________ 姓　名________________

同组者________________ 日　期________________ 成　绩________________

1. 实验目的

2. 油膜压力分布曲线

1）轴向油膜压力分布曲线（把手工绘制和计算机打印的图表粘贴此处）

2）周向油膜压力分布曲线（手工绘制建议用坐标纸画，与计算机打印图一起粘贴在此处）

3）轴承特性曲线（手工绘制建议用坐标纸画，与计算机打印图一起粘贴在此处）

第七章　滚动轴承实验

说明

1）滚动轴承实验台是用来验证滚动轴承工作时轴承元件上载荷的分布规律、载荷及应力的变化规律、成对使用的向心角接触轴承载荷分析及当量动载荷的计算等问题。这些问题属滚动轴承承载机理的重点内容，是滚动轴承一章的难点、重点教学内容。通过实验加以验证，并通过软件分析、处理实测数据，模拟载荷及应力分布曲线，对巩固、加深理论知识的认识，提高学生的实验动手能力是非常必要的。

2）建议实验时间 2 学时。

一、实验目的

1）轴承外圈分布载荷的测试。

2）轴承外圈载荷及应力变化规律的测试验证，滚动体及内圈载荷应力变化规律的模拟。

3）对成对组合安装的向心角接触轴承进行载荷分析及当量动载荷、轴承工作寿命的计算，观察不同载荷下内部轴向力引起的“放松”和“压紧”现象。

二、实验设备

本实验的实验设备为 JXG-A 型滚动轴承实验台，该实验台的组成包括直流变速电动机、径向加载器及加载传感器、轴向加载器及加载传感器、试验用轴承（32011）、调速电源、机箱等。如图 7-1 所示。微型直流变速电动机驱动主轴回转，主轴由一对正装的圆锥滚子轴承（型号 30213）支承，该对轴承位于固定在支承板上的轴承壳内，为测试实验轴承。主轴中部对称安装有三个径向加载轴承（型号 6014），间距 50mm。加载轴承外圈与可移动的加载器接触，加载器上安装有载荷传感器，通过转动径向加载器径向位移手柄实现对加载轴承施加载荷，通过转动径向加载器轴向位移手柄实现对三个加载轴承中的某一个径向加载，完成对主轴不同位置的径向加载。主轴的另一端连接有轴向加载器，加载器上安装有轴向载荷传感器。转动轴向加载手柄可以对试验轴承施加轴向载荷。

三、实验原理

以正装（面对面）无游隙圆锥滚子轴承（32011）为测试对象，轴承外圈上贴有均布的 6 个电阻应变片（如图 7-2 所示位置 1~6），由电阻应变仪测得各应变片的变形，从而可以得到轴承各元件上的载荷及应力变化、轴向载荷对载荷分布的影响等，进而计算试验轴承所承受的力和载荷及在该载荷作用下的轴承寿命。其原理如下：

1. 轴承工作时轴承元件上的载荷及应力变化

轴承工作时，其各个元件上所受的载荷及产生的应力是时时变化的。当滚动体进入承载

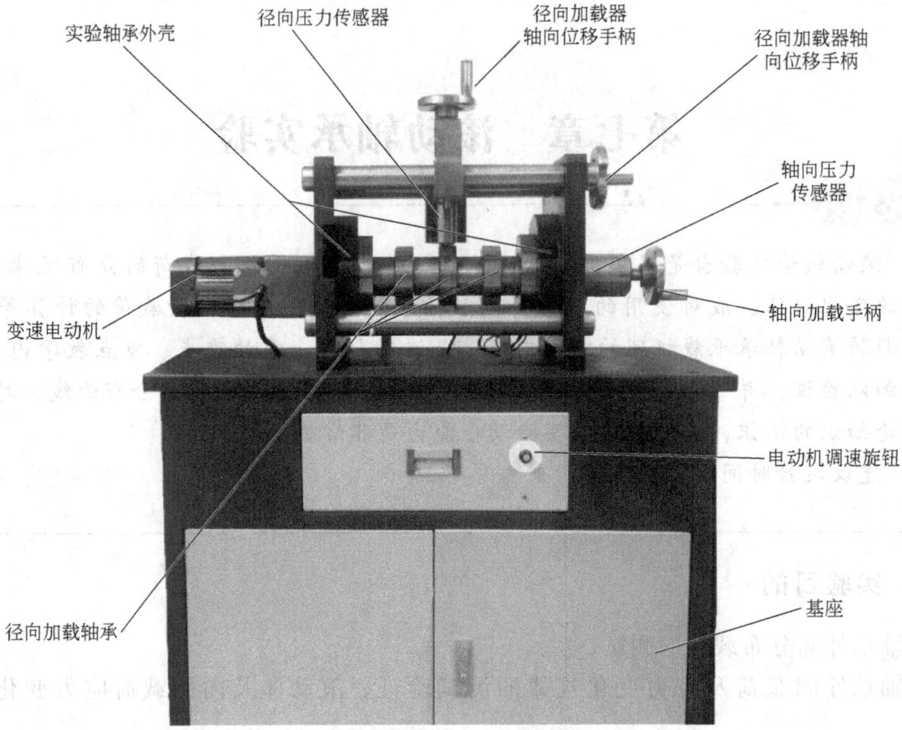

图 7-1　滚动轴承实验台

区后，所受载荷即由零逐渐增加到 F_{N2}、F_{N1} 直到最大值 F_{N0}，然后再逐渐降低到 F_{N1}、F_{N2}，最终至零（图 7-3）。就滚动体上某一点而言，它受到了周期性的不稳定变化的载荷及应力（图 7-4a）。

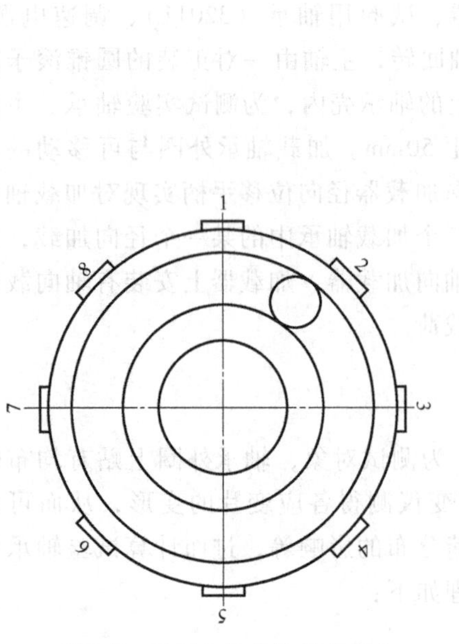

图 7-2　外圈上均布贴的应变片

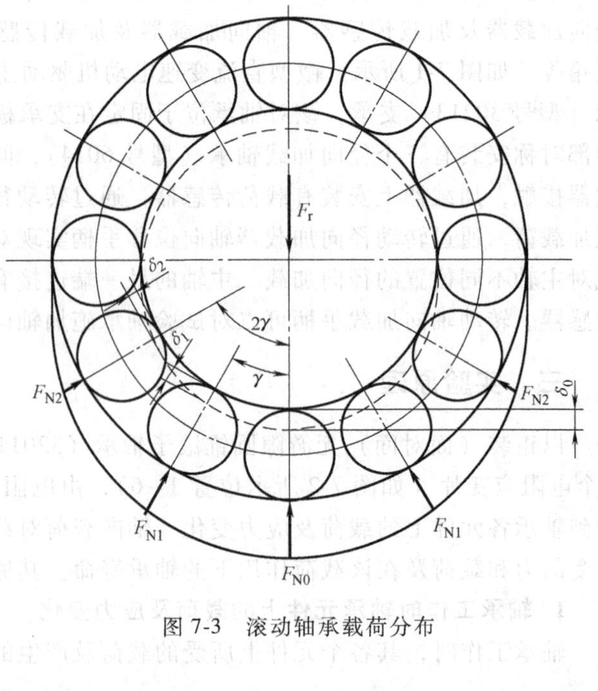

图 7-3　滚动轴承载荷分布

滚动轴承工作时，可以是外圈固定、内圈转动；也可以是内圈固定、外圈转动。对于被固定的轴承元件，处在承载区内的各接触点，按其所在位置的不同将受到不同的载荷，而处于 F_r 作用线上的点将受到最大的接触载荷。对于每一个具体的点，每当一个滚动体滚过时，便承受一次载荷，其大小是不变的，也就是承受稳定的脉动循环载荷的作用，如图 7-4b 所示。

转动的轴承体上各点的受载情况，类似于滚动体的受载情况，可用图 7-4a 描述。

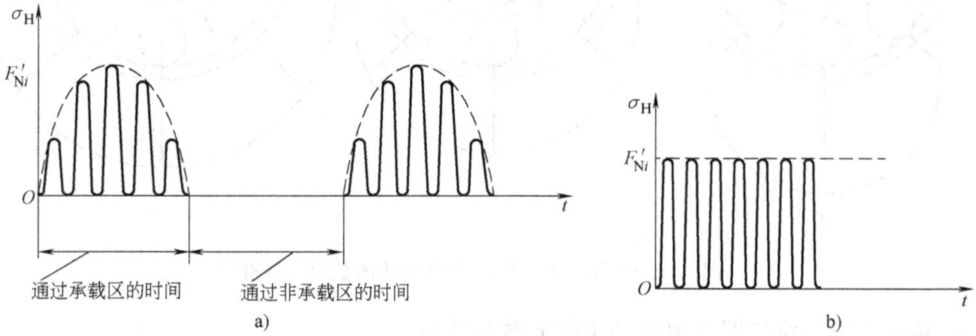

图 7-4　轴承元件上的载荷及应力变化

2. 轴向载荷对载荷分布的影响

轴承承载时，载荷通过轴颈作用于内圈上，再通过内外圈间的滚动体来传递，如图 7-5 所示。径向载荷 F_r 通过轴颈作用于内圈，位于上半圈的滚动体不会受力，内、外圈下半圈与滚动体接触处共同产生局部接触变形，在 F_r 作用线上接触点处的变形量最大，向两边逐渐减小。因而接触载荷也是处于 F_r 作用线上接触点处最大，向两边逐渐减小。所有滚动体作用在内圈上的接触力的矢量和必定等于径向载荷 F_r。

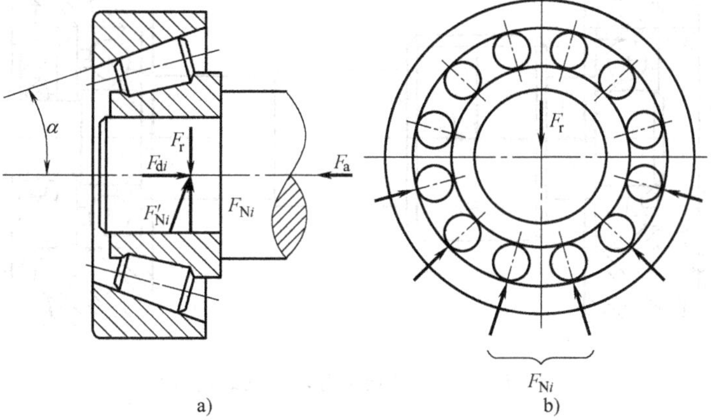

图 7-5　圆锥滚子轴承的受力

当径向载荷 F_r 大小一定时，受载滚动体数目（即承载区大小）与轴承所受的轴向载荷 F_a 大小有关。当轴向载荷 F_a 逐渐增大时，轴承内接触的滚动体数目逐渐增多。当 $F_a \approx F_r\tan\alpha$ 时，仅有 1~2 个滚动体受载，如图 7-6a 所示。F_a 逐渐加大，承载滚动体逐渐增多，当 $F_a \approx 1.25F_r\tan\alpha$ 时，可达下半圈滚动体全部受载，如图 7-6b 所示。当 $F_a \approx 1.7F_r\tan\alpha$ 时，开始使全部滚动体受载，如图 7-6c 所示。

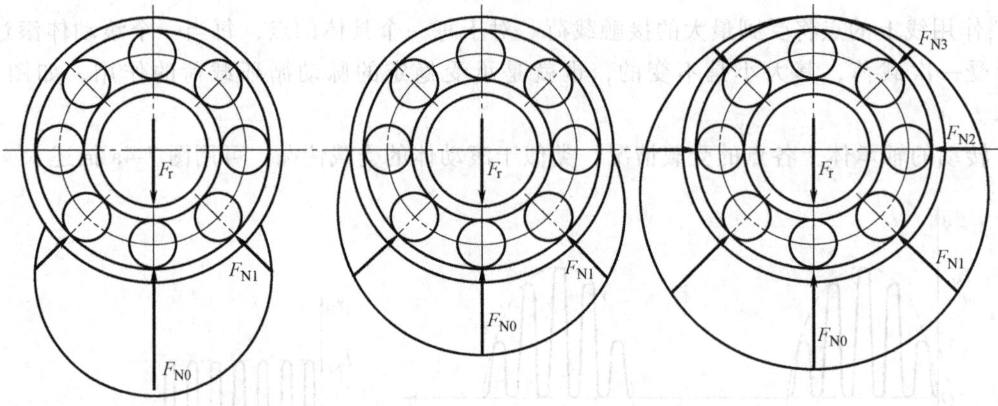

图 7-6　轴向载荷变化时受载滚动体数目的变化

3. 角接触球轴承与圆锥滚子轴承轴向载荷计算

图 7-7 为一对正装的角接触球轴承，当这对轴承支承的转轴上承受某一确定大小的外加径向力 F_r和外加轴向力 F_a时，随着 F_r作用的轴向位置不同，轴承Ⅰ、Ⅱ将得到不同的径向载荷 F_{r1}、F_{r2}；由径向载荷产生派生轴向力（即内部轴向力）S_1、S_2。一个轴承的派生轴向力也可被看作外部轴向力作用在另一个轴承上。该轴向力与 F_a之和或差才是轴承Ⅰ或Ⅱ的全部外部轴向力 F_{a1}、F_{a2}。派生轴向力 S 使轴承“放松”，外部轴向力 F_a使轴承“压紧”，比较它们的大小即可判定两个轴承中哪个是“放松”的，哪个是“压紧”的。

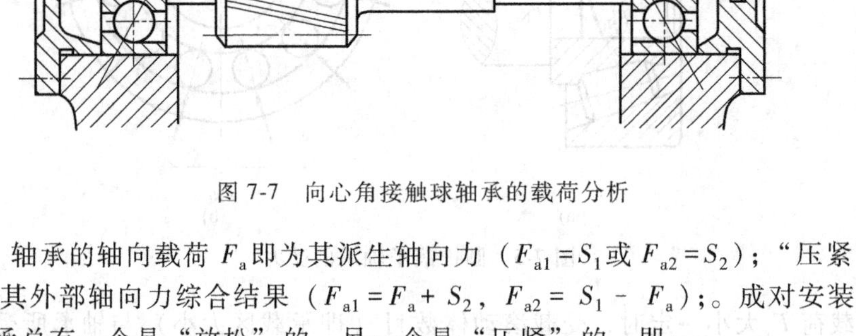

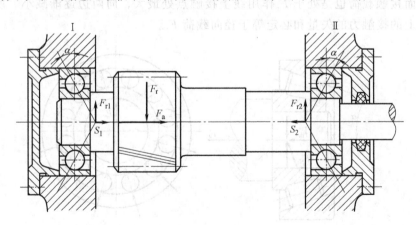

图 7-7　向心角接触球轴承的载荷分析

“放松”轴承的轴向载荷 F_a即为其派生轴向力（$F_{a1}=S_1$或 $F_{a2}=S_2$）；“压紧”轴承的轴向载荷 F_a为其外部轴向力综合结果（$F_{a1}=F_a+S_2$，$F_{a2}=S_1-F_a$）；。成对安装的两个向心角接触球轴承总有一个是“放松”的。另一个是“压紧”的。即：

$S_1>F_a+S_2$时，Ⅰ轴承“放松”，即 $F_{a1}=S_1$；

Ⅱ轴承“压紧”，即 $F_{a2}=S_1-F_a>S_2$。

$S_1<F_a+S_2$时，Ⅰ轴承“压紧”，即 $F_{a1}=F_a+S_2$；

Ⅱ轴承“放松”，即 $F_{a2}=S_2>S_1-F_a$。

4. 滚动轴承的当量动载荷

由公式：$P=f_d(XF_r+YF_a)$ (N)

可以计算出两个轴承的当量动载荷 P_1、P_2，式中，X、Y 分别为径向动载荷系数和轴向动载荷系数，f_d为载荷系数。在无冲击或轻微冲击时 f_p取 1.0~1.2；中等冲击时，f_p取 1.2~1.8；强大冲击时，f_p取 1.8~3.0。

5. 滚动轴承的寿命

由公式：$Ln=\frac{10^6}{60n}\left(\frac{C}{P}\right)^{\varepsilon}$ 可以分别计算出两个轴承的寿命。

式中：n 为轴承的转速，单位为 r/min。P 为当量动载荷，单位为 N。C 为额定动载荷，单位为 N。ε 为指数，对于球轴承 ε 取 3；对于滚子轴承 ε 取 10/3。

四、测试分析系统

实验台采用传感器、单片机与 A/D 转换相结合进行数据采集、分析处理和适时通信，达到及时显示测试结果与动态数据的目的。传感器采集到的应变数据经单片机分析处理后用串口送到计算机，在计算机屏幕上实时显示各个测试位置的压力分布及应力变化曲线。

实验台数据采集系统原理框图如下：

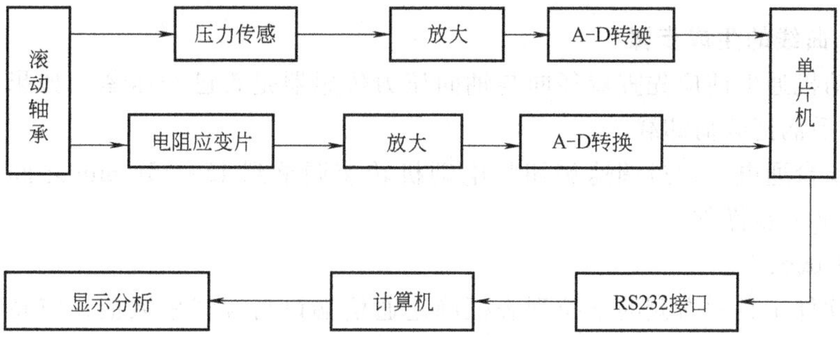

图 7-8　实验台数据采集系统原理框图

1. 传感器

该实验台在径向和轴向各配置了一个压力传感器，在每个试验轴承的外圈粘贴了 6 个电阻应变式传感器。传感器在机构各测试点的安装位置见图 7-2 所示。

2. 检测

实验台内部有一套检测系统，测试台面上有传感器接口，分别对应两侧的测试轴承。

五、实验步骤

双击计算机桌面上的图标即可运行专门为实验台开发的测试软件，软件测试界面如图 7-9 所示。该界面包含工具栏按钮操作区、径向与轴向的载荷关系选择输入区域、测试点载荷数据输入区域、动态分析曲线显示区域、实时压力（径向与轴向）分布（柱状图）区域、径向载荷位置选择区、双轴承力的计算结果区域等。测试步骤如下：

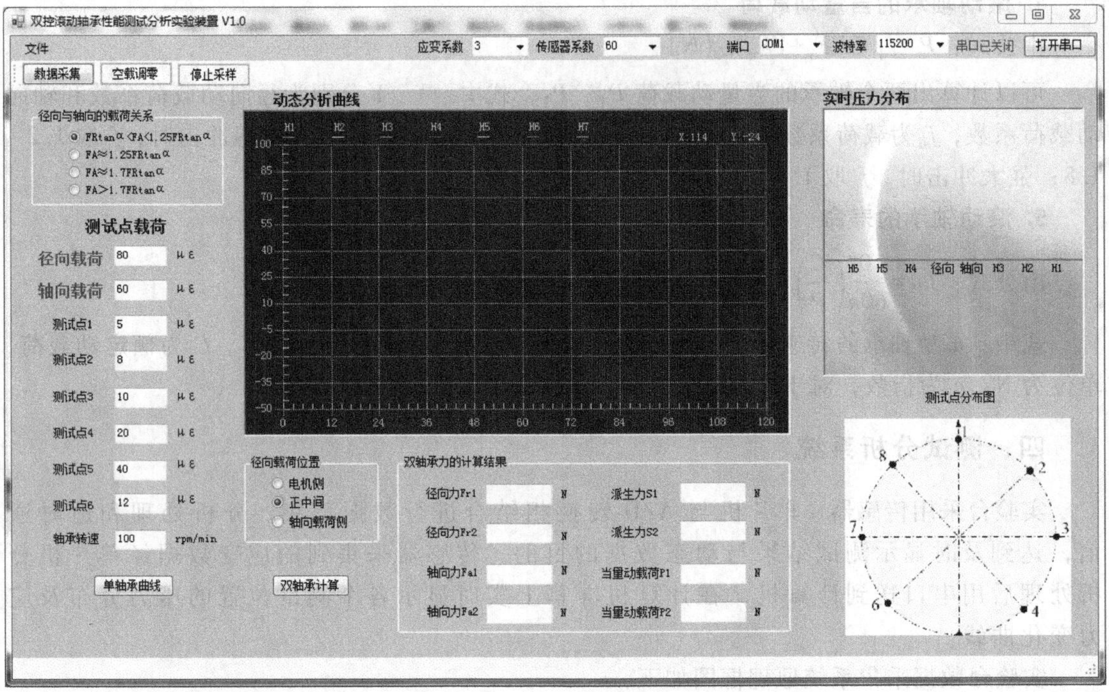

图 7-9　软件测试界面

1. 单轴承曲线的生成步骤

1）给电动机通电前应先查看径向与轴向压力传感器是否已经压紧，如果已经压紧，则需旋转加载器手柄把载荷卸载。

2）给试验台通电，通过调速旋钮将电动机转速调整到 15～35r/min 之间，待电动机转速稳定后开始下一步操作。

3）打开测试软件。

4）利用软件工具栏右侧的下拉列表框确定通信端口与波特率数值，波特率为传输数据速率值，默认为所列数据的最大值，之后打开串口。

5）单击工具栏左侧的“数据采集”按钮开始采集数据。

6）在径向与轴向压力都未施加的情况下，单击空载清零按钮，使所有采集数据恢复到零位状态。

7）选择径向载荷加载位置。首先转动径向加载器，轴向位移手柄，使加载器位置对准加载位置，之后转动轴向加载手柄手动为实验台进行轴向加载。

8）等待实测数据趋向稳定的时候，读取如图 7-10 所示的实时压力分布区显示的各个测试点的平均值，并将这些数值输入到如图 7-11 所示的测试点载荷输入区。

9）根据如图 7-10 所示的实时压力分布柱状图显示情况，可以看到有多少个位置的滚动体受到载荷，根据前述的实验原理，大体可以判断出径向载荷与轴向载荷的关系，在如图 7-12 所示的径向与轴向的载荷关系区选择合适载荷关系。

10）单击单轴承曲线按钮，在如图 7-13 所示的动态分析曲线窗口显示区察看轴承Ⅰ所生成的曲线（应力大小与时间轴的关系）。

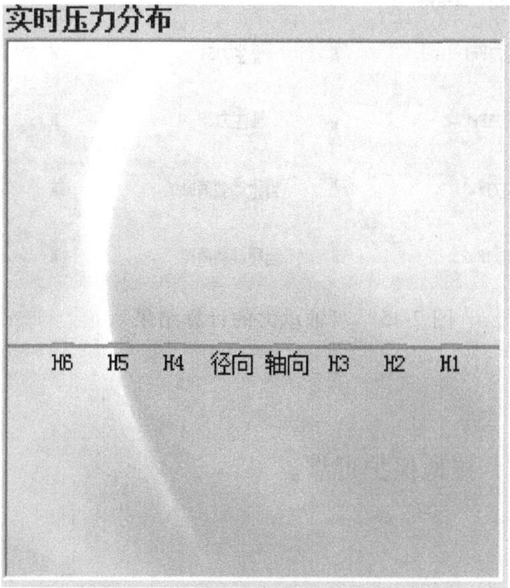

图 7-10　压力分布柱状图显示区

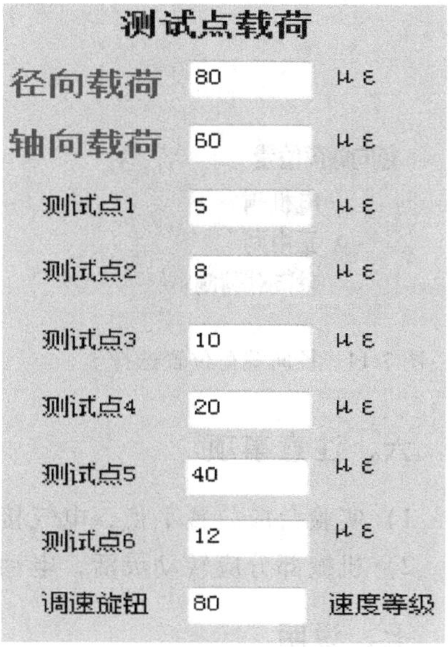

图 7-11　测试点载荷输入区

11）切换到另一侧轴承，重复步骤 7）～步骤 10），可以看到轴承Ⅱ生成的曲线。

2. 双轴承力的计算

在单轴承曲线生成实验的所有步骤完成之后，就可以进行双轴承力的计算了。操作步骤如下：

1）在如图 7-14 所示的径向载荷位置区选择径向载荷加载时的加载位置。

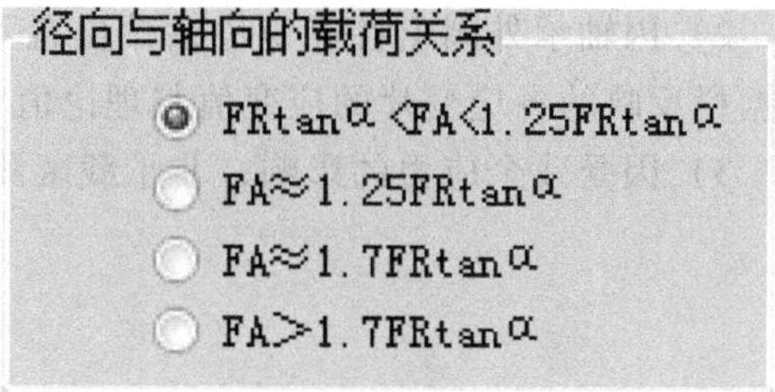

图 7-12　载荷关系选择区

2）单击“软件测试界面”（图 7-9）左下方的“双轴承计算”按钮。就可以在如图 7-15 所示的双轴承力的计算结果区中查看数据。

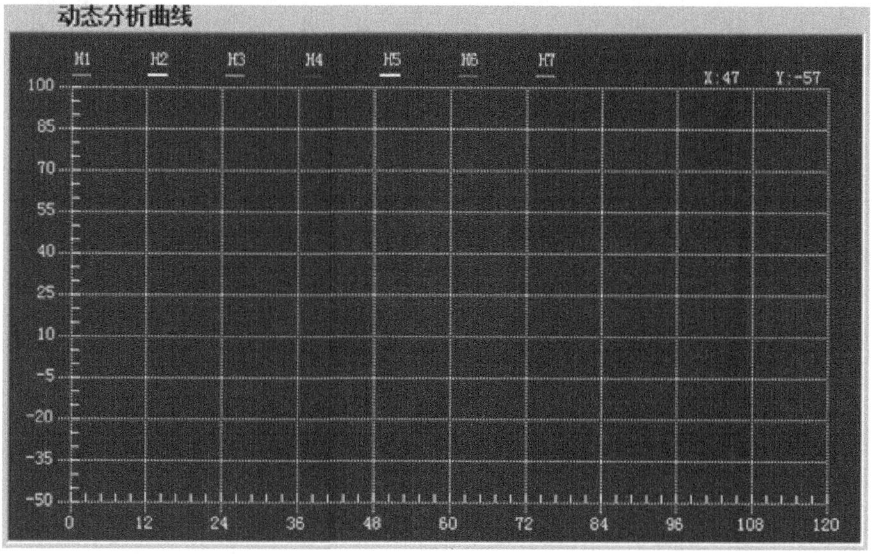

图 7-13　轴承Ⅰ动态分析曲线显示区

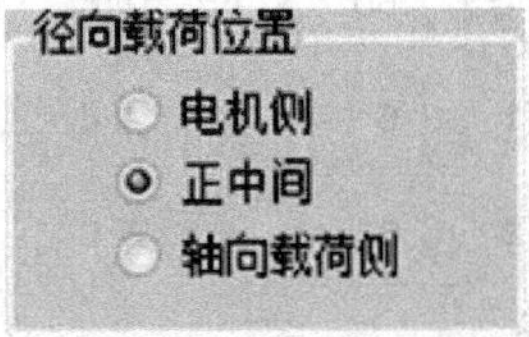

图 7-14 径向载荷位置选择

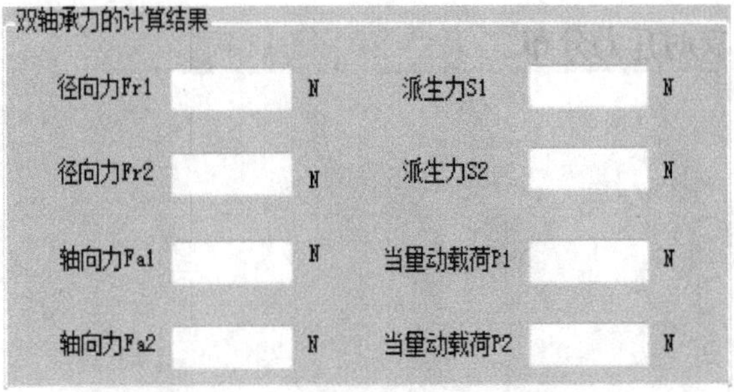

图 7-15 双轴承力的计算结果

六、注意事项

1）实验台应放置平稳，电气接线应正确无误，接地保护可靠。

2）机械部分应转动灵活，电动机无卡死现象。

七、说明

1）建议：转轴的实验转速选在 15~35r/min 之间。

2）因轴承外圈上各应变片粘贴位置不可能完全一致，且各测点因受残余应力的影响，数据栏反映的各应变片的应变值与理论值会有一定的偏差。

3）因受残余应力的影响，非承载区测点的应变值可能不为零。

八、附录

滚动轴承实验报告

班　级________________ 学　号________________ 姓　名________________

同组者________________ 日　期________________ 成　绩________________

1. 简述实验原理

2. 测试结果记录

项　目	数　据	单　位	项　目	数　据	单　位
径向力 F_{r1}		N	派生力 S_1		N
径向力 F_{r2}		N	派生力 S_2		N
轴向力 F_{a1}		N	当量动载荷 P_1		N
轴向力 F_{a2}		N	当量动载荷 P_2		N

3. 计算测试轴承当量载荷和寿命

4. 通过计算说明所做实验中哪个轴承是“放松”的？哪个轴承是“压紧”的？

第八章　轴系结构设计与分析实验

说明

1）本实验项目讲述了轴系的结构设计、轴系结构分析等内容，涉及轴、轴承、润滑与密封、机座与箱体等章节的知识。每个实验题目都会有五个以上的知识点得到运用。本实验属综合设计类实验。

2）建议实验时间 2~4 学时。

一、实验目的

1）熟悉并掌握轴的结构形状、功用、工艺性及轴与轴上零件的装配关系。

2）熟悉轴的结构设计和轴承装置组合设计的基本要求。

3）了解轴及轴上零件的安装、调整、定位与固定方法，轴承的润滑和密封方法。

二、预习内容及准备

1）轴的结构设计要求及轴毂连接方式。

2）滚动轴承的类型及其选择。

3）轴承装置组合设计。

4）准备白纸、铅笔、橡皮、三角板等。

三、实验设备

1. 创意组合式轴系结构设计与分析实验箱

如图 8-1 所示，实验箱由 8 类（齿轮、轴、联轴器、轴承端盖、轴套、轴承座、轴承、连接件）、40 种、共计 159 个零件组成，能方便地组合出数十种轴系结构方案，具有开设轴系结构设计和轴系结构分析两大项实验功能。

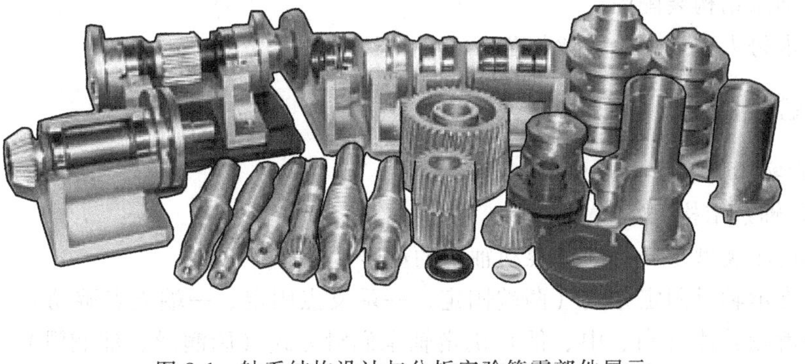

图 8-1　轴系结构设计与分析实验箱零部件展示

2. 工具

游标卡尺、钢直尺、活扳手、内外卡钳等。

四、实验内容

1）指导教师根据表8-1选择并安排每组的实验内容（实验题号）。

表8-1　轴系结构设计与分析实验内容

实验题号	已知条件				
	传动件类型	载荷	转速	其他条件	示意图
1	小直齿轮	轻	低		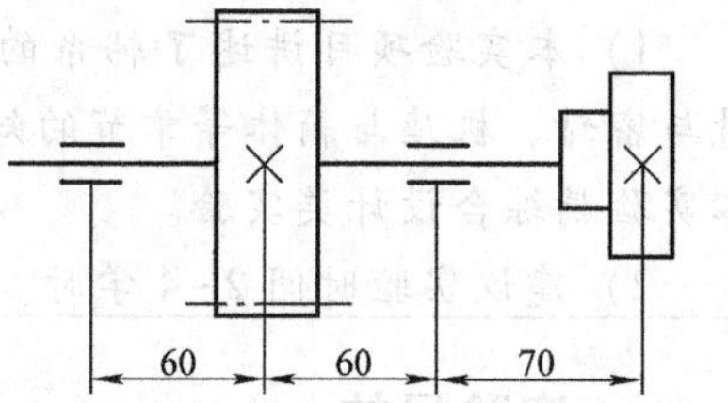
2		中	高		
3	大直齿轮	中	低		
4		重	中		
5	小斜齿轮	轻	中		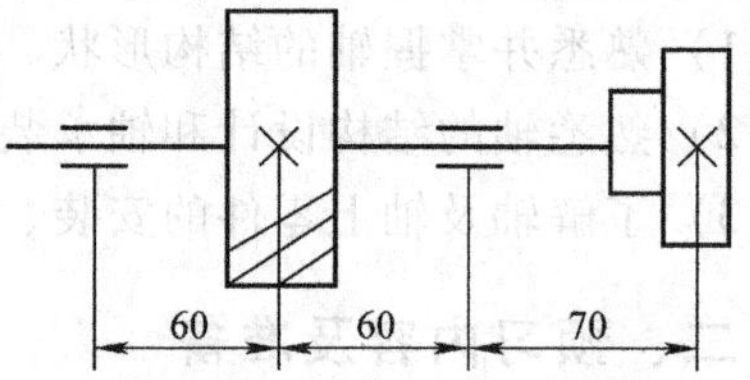
6		中	高		
7	大斜齿轮	中	中		
8		重	低		
9	小锥齿轮	轻	低	锥齿轮轴	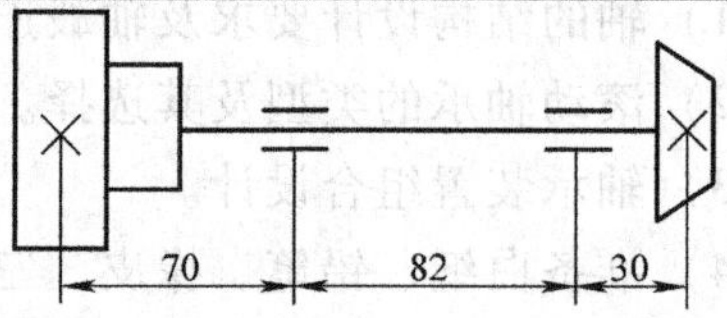
10		中	高	锥齿轮与轴分开	
11	蜗杆	轻	低	发热量小	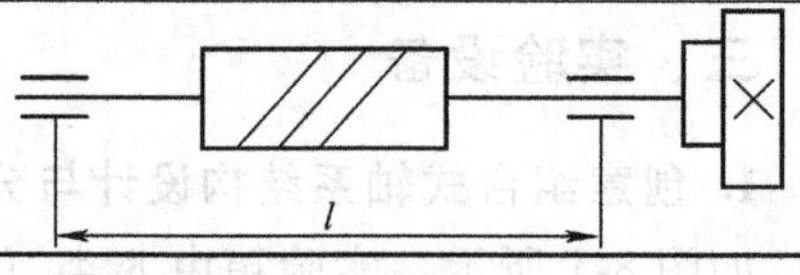
12		重	中	发热量大	

2）进行轴的结构设计与滚动轴承组合设计。每组学生根据指定的实验内容及要求，进行轴系结构设计，解决轴承类型选择、轴上零件定位与固定、轴承安装与调节、润滑及密封等问题。

3）绘制轴系结构装配图。

4）按要求每人完成一份实验报告。

五、实验步骤

（1）明确实验内容及设计要求

（2）构思轴系结构方案

1）根据齿轮类型及载荷选择滚动轴承的型号。

2）确定支承轴承固定方式（两端固定；一端支点固定、一端支点游动）。

3）根据齿轮转速（高、中、低）确定轴承润滑方式（脂润滑、油润滑）。

4）选择端盖形式（凸缘式、嵌入式）并考虑透盖处密封方式（毛毡圈、橡胶密封圈、油沟等）。

5）考虑轴上零件的定位与固定、轴承间隙调整等问题。

6）绘制轴系结构方案示意图。

(3) 认识和清点零部件

(4) 组装轴系部件　根据轴系结构方案示意图，从实验箱中选取合适零件并进行组装，检查所设计组装的轴系结构是否正确。

(5) 绘制轴系结构草图

(6) 拆卸、测量并标注　拆卸轴系结构，测量零件结构尺寸，把测量数据标注在绘好的轴系结构草图上。

(7) 整理实验工具　将所有零件放入实验箱内的规定位置。

六、常见轴承固定及轴系配置方法

1. 轴向紧固的常用方法

如图 8-2~图 8-4 所示。

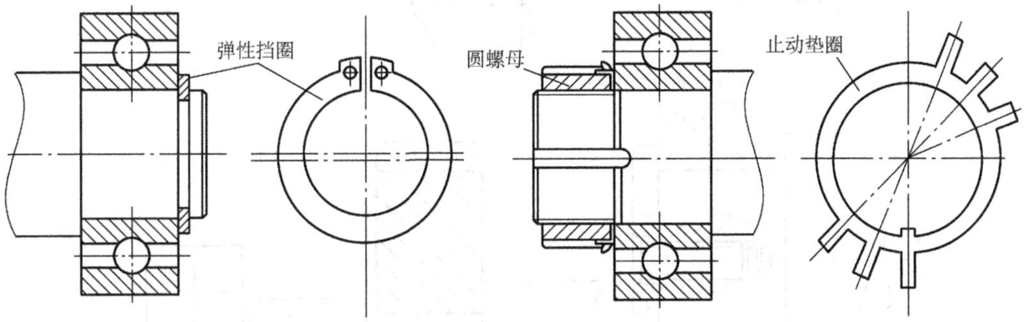

a)轴用弹性挡圈紧固　　b)圆螺母和止动垫圈紧固

图 8-2　内圈轴向紧固的常用方法

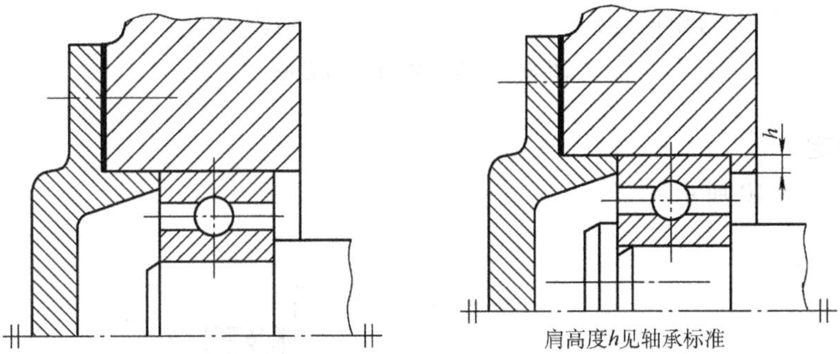

a)轴承端盖紧固　　b)轴承座凸肩紧固

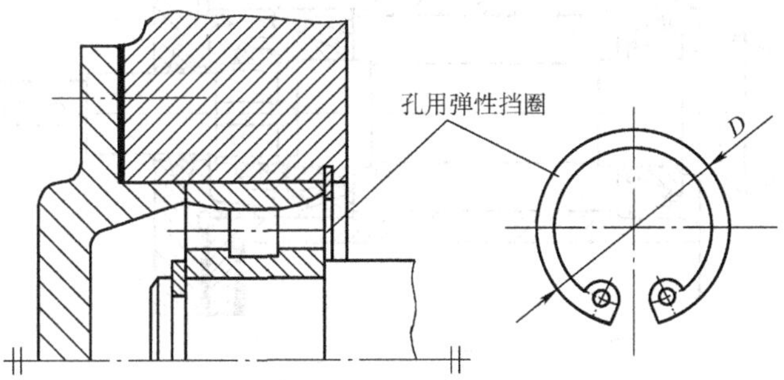

c)孔用弹性挡圈紧固

图 8-3　外圈轴向紧固的常用方法

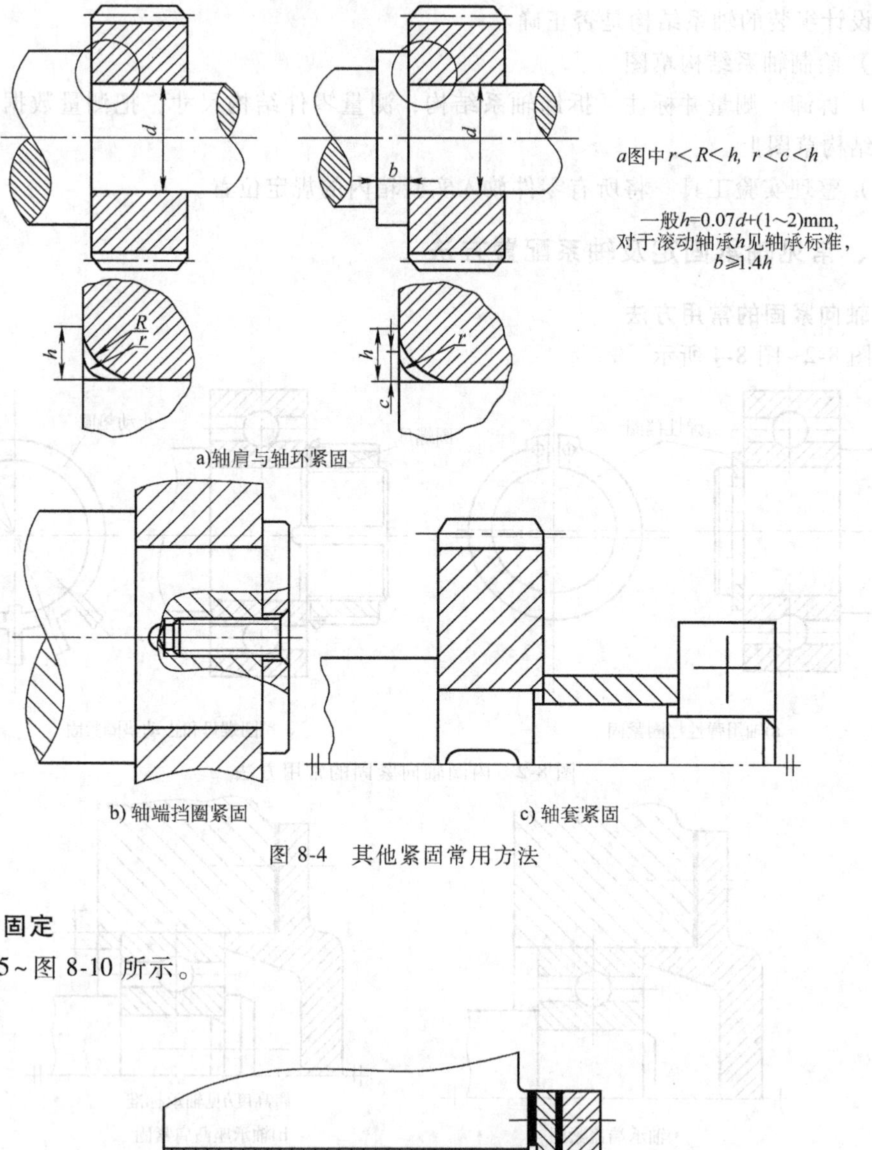

d
b
R
r
h
c
a图中$r<R<h$, $r<c<h$
一般$h=0.07d+(1\sim2)$mm,
对于滚动轴承h见轴承标准,
$b\geqslant1.4h$

a)轴肩与轴环紧固

b) 轴端挡圈紧固　　c) 轴套紧固

图 8-4　其他紧固常用方法

2. 两端固定

如图 8-5~图 8-10 所示。

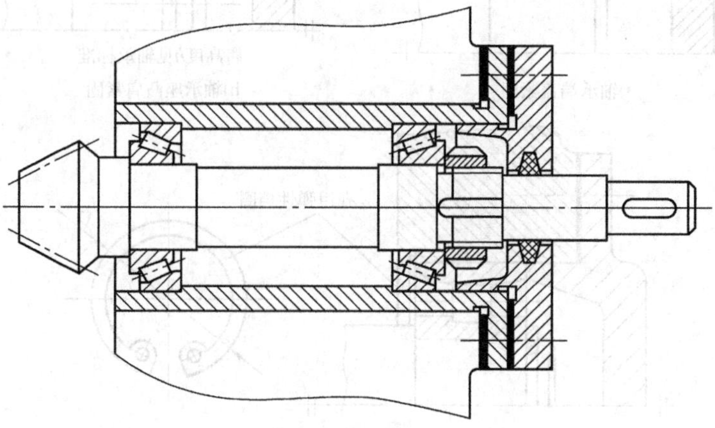

图 8-5　锥齿轮轴支承结构之一

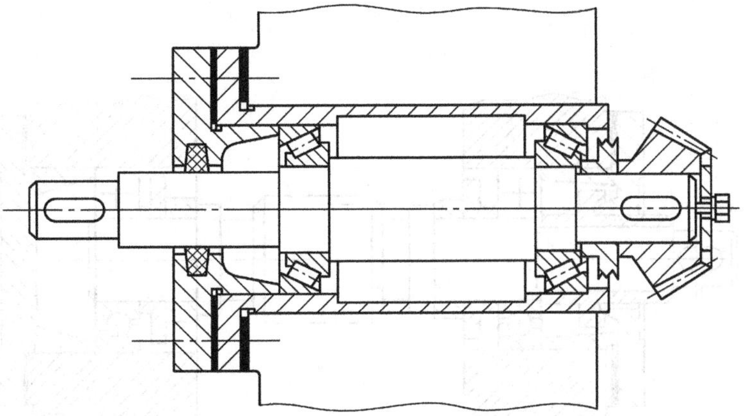

图 8-6　锥齿轮轴支承结构之二

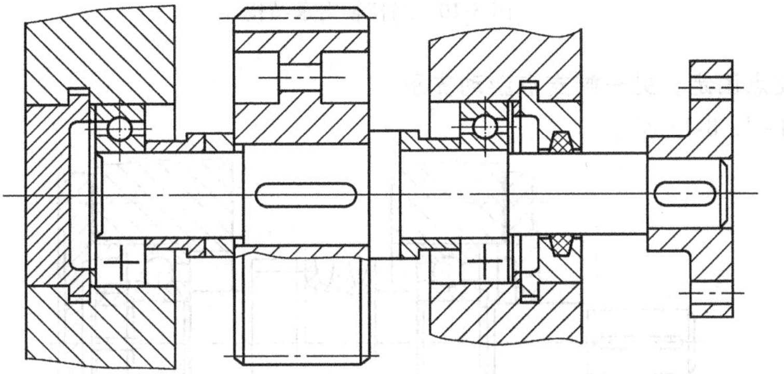

图 8-7　直齿圆柱齿轮轴支承结构之一

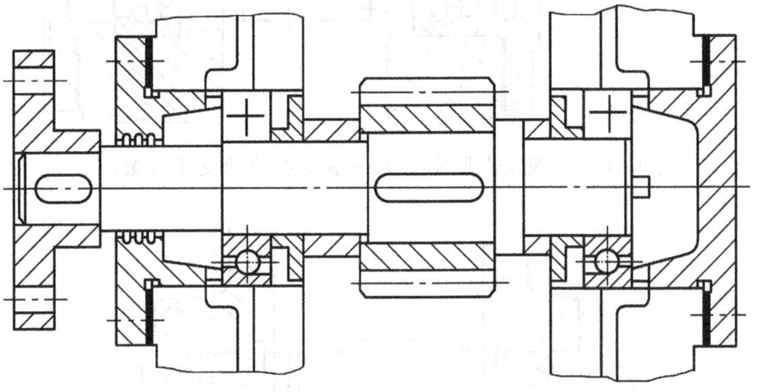

图 8-8　直齿圆柱齿轮轴支承结构之二

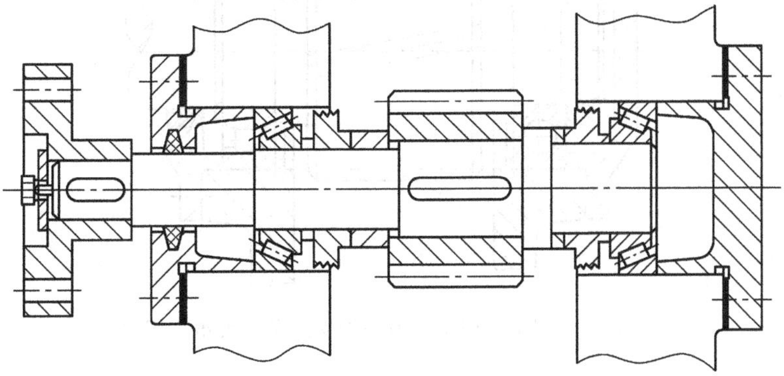

图 8-9　直齿圆柱齿轮轴支承结构之三

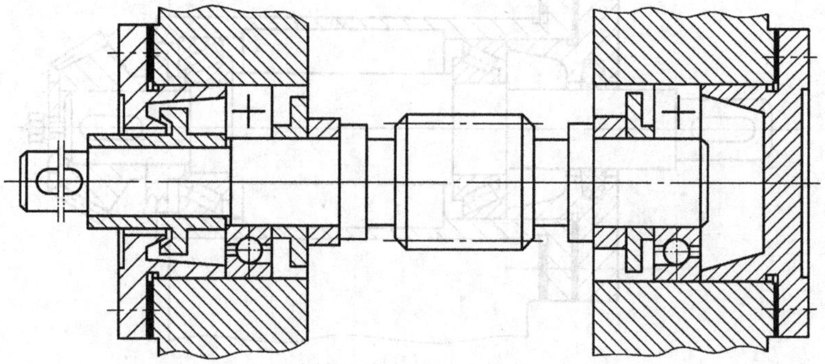

图 8-10　蜗杆轴支承结构

3. 一端支点固定，另一端支点游动支承

如图 8-11～图 8-13 所示。

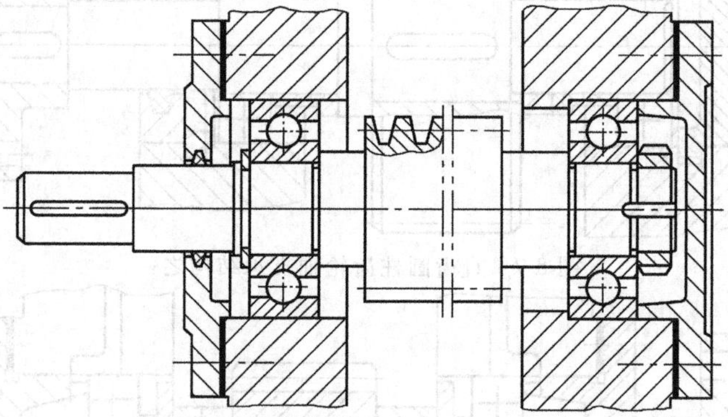

图 8-11　一端支点固定，另一端支点游动支承方案之一

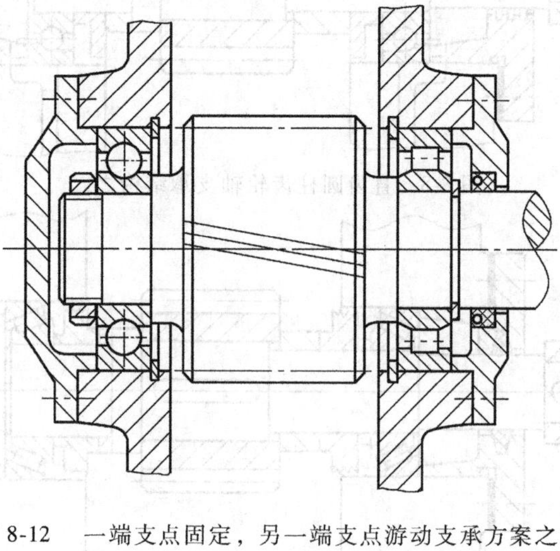

图 8-12　一端支点固定，另一端支点游动支承方案之二

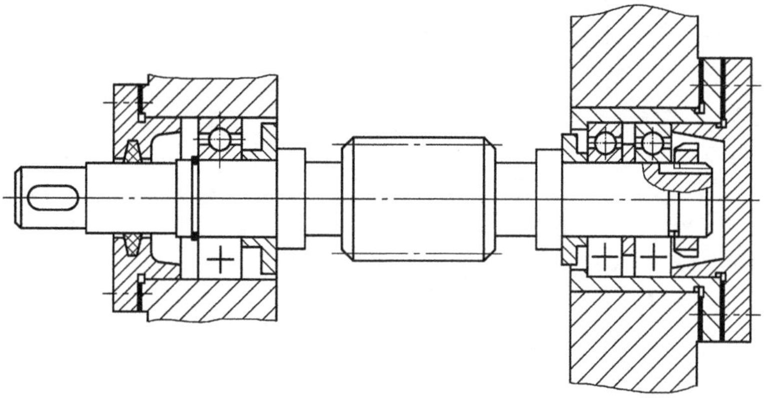

图 8-13　一端支点固定，另一端支点游动支承方案三

4. 滚动轴承的密封

如图 8-14、图 8-15 所示。

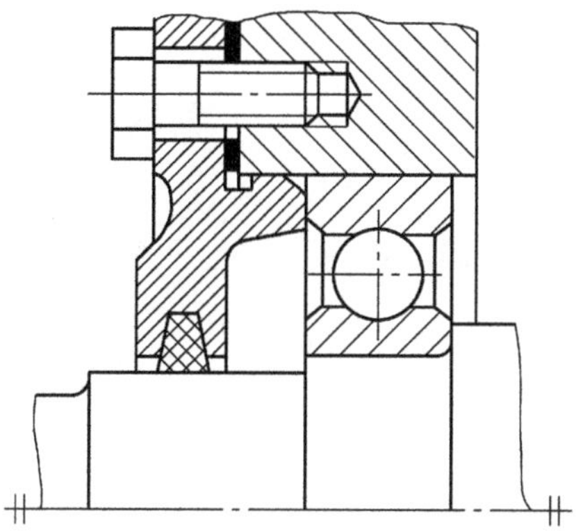

a) 毡圈密封

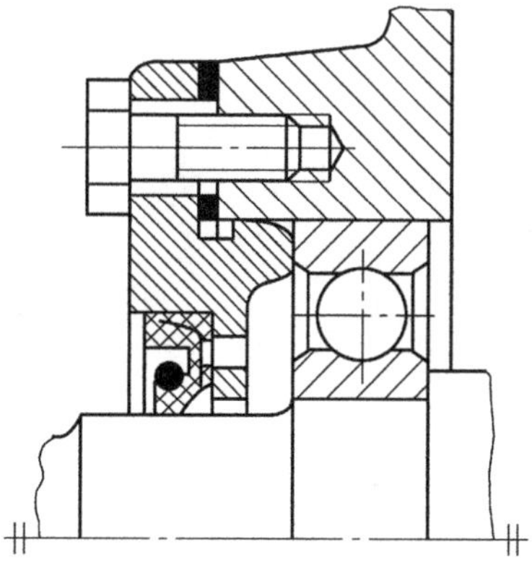

b) 皮碗密封

图 8-14　接触式密封

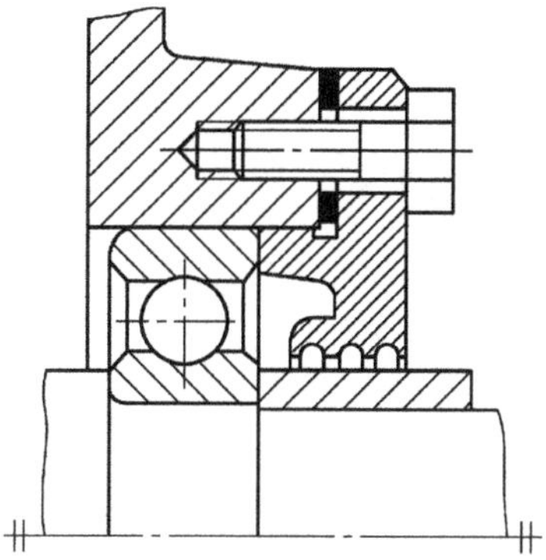

a) 油沟式密封

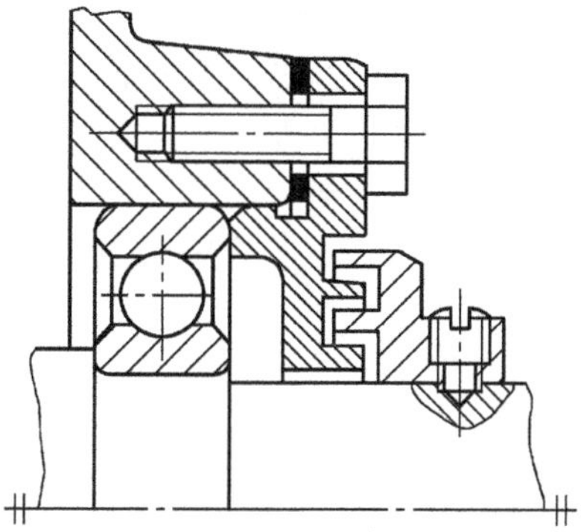

b) 迷宫式密封

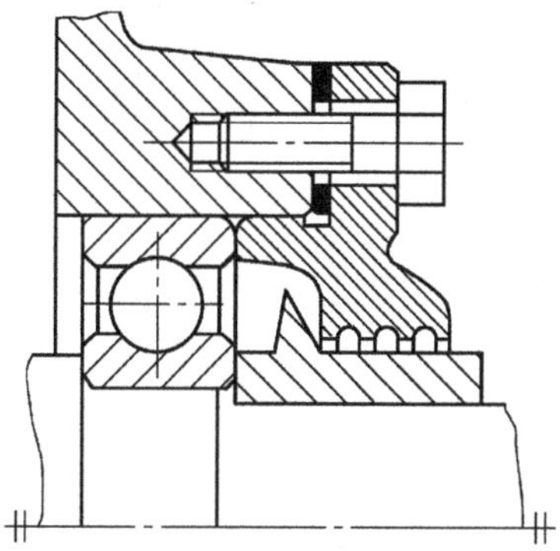

c) 油环与油沟式组合密封

图 8-15　非接触式密封

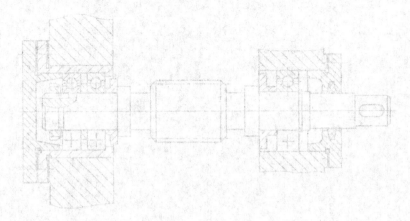

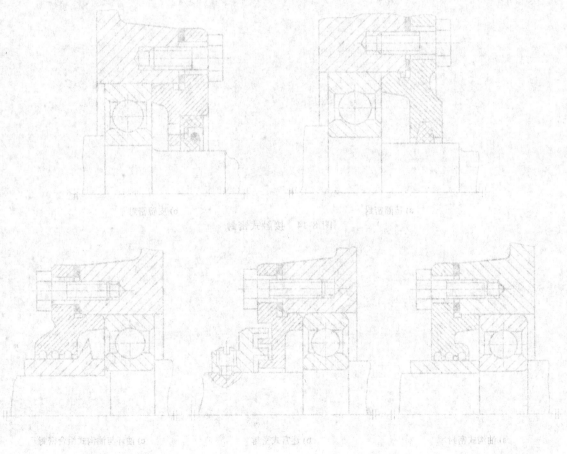

七、附录

轴系结构设计实验报告

班　级________________　学　号________________　姓　名________________

同组者________________　日　期________________　成　绩________________

1. 实验目的

2. 实验内容

实验题号：

已知条件：

3. 实验结果

（1）轴系结构装配图（附 A3 图纸）　根据结构草图及测量数据，在 A3 图纸上用1∶1的比例绘制轴系结构装配图，要求装配关系正确，并注明必要尺寸（如轴承跨距、主要外形尺寸、主要配合尺寸等），填写标题栏和明细表。

（2）轴系结构设计说明　轴上零件的定位、固定，滚动轴承的安装、调整、润滑与密封方法。

第九章　减速器拆装实验

说明

1）减速器是将原动机的运动与动力传递到工作机的工作单元。通过减速器拆装实验，认识轴与轴上零件之间的几何关系、定位关系、配合关系、装配关系以及减速器结构与功能之间的关系，为机械设计课程设计打下坚实的基础。本实验属于综合类实验，适合机械设计及机械设计基础课程安排有课程设计的所有专业。

2）建议实验时间2学时。

一、实验目的

1）了解减速器铸造箱体的结构以及齿轮和轴系等的结构。

2）了解轴上零件的定位和固定、齿轮和轴承的润滑、密封以及减速器附属零件的作用、构造和安装位置。

3）熟悉减速器的拆装和调整过程，了解拆装工具和结构设计的关系。

二、实验设备

1）单级圆柱齿轮减速器（图9-1）。

2）单级锥齿轮减速器（图9-2）。

3）双级锥齿轮、圆柱齿轮减速器（图9-3）。

4）展开式双级圆柱齿轮减速器（图9-4）。

5）分流式双级圆柱齿轮减速器（图9-5）。

6）同轴式双级圆柱齿轮减速器（图9-6）。

7）单级蜗杆减速器（图9-7）。

8）新型单级圆柱齿轮减速器（图9-8）。

三、实验工具

1）拆装工具：活扳手、套筒扳手和锤子。

2）测量工具：内卡钳、外卡钳、游标卡尺和钢直尺。

四、实验内容

1）了解铸造箱体的结构。

2）观察、了解减速器附件的用途、结构和安装位置的要求。

3）测量减速器的中心距和中心高，箱座上、下凸缘的宽度和厚度，肋板厚度，齿轮端面与箱体内壁的距离，大齿轮顶圆（蜗轮外圆）与箱体内壁之间的距离，轴承端面至箱体内壁之间的距离等。

4）观察、了解蜗杆减速器箱体内侧面（蜗轮轴向）宽度与蜗轮轴的轴承盖外圆之间的关系，仔细观察蜗杆轴承的结构特点，思考提高蜗杆轴刚度的方法。

5）了解轴承的润滑方式和密封装置，包括外密封的形式，轴承内侧挡油环、封油环的工作原理及其结构和安装位置。

6）了解轴承的组合结构，轴承的拆卸、装配、固定以及轴向游隙的调整；测绘高速轴轴系部件的结构草图，并对齿轮受力进行定性分析。

7）课后回答思考题，完成实验报告。

五、实验步骤

1. 拆卸

1）仔细观察减速器外表面各部分的结构。

2）用扳手拆下观察孔盖板，考虑观察孔位置是否恰当，大小是否合适。

3）拆卸箱盖

① 用扳手拆下轴承端盖的紧定螺钉。

② 用扳手拆卸箱盖、箱座之间的连接螺栓和定位销钉。将螺栓、螺钉、垫圈、螺母和销钉等放入塑料盘中，以免丢失。然后，拧动起盖螺钉卸下箱盖。

4）仔细观察箱体内各零件的结构以及位置。思考如下问题：对轴向游隙可调的轴承应如何进行调整？轴承是如何进行润滑的？如箱座和箱盖的结合面上有回油槽，则箱盖应采用怎样的结构才能使飞溅在箱体内壁上的油流回箱座上的回油槽中？回油槽有几种加工方法？为了使润滑油经油槽进入轴承，轴承盖端面结构应如何设计？在何种条件下滚动轴承的内侧要用挡油环或封油环？其工作原理、构造和安装位置如何？

5）测量有关尺寸，并填入实验数据记录表中。

6）卸下轴承盖，将轴和轴上零件随轴一起取出，按合理顺序拆卸轴上的零件。

7）测绘高速轴及其支承部件的结构草图。

2. 装配

按原样将减速器装配好。装配时按先内后外的顺序进行；装配轴和滚动轴承时，应注意方向，并按滚动轴承的合理装拆方法进行装配。装配完后，经指导教师检查才能合上箱盖。装配箱座、箱盖之间的连接螺栓前，应先安装好定位销钉。

六、注意事项

1）实验前预习有关内容，初步了解减速器装配图。

2）切忌盲目拆装，拆装前要仔细观察零部件的结构及其位置，考虑好合理的拆装顺序。卸下的零件要妥善放好，避免丢失或损坏。

3）爱护工具及设备，仔细拆装，使箱体外的油漆少受损坏。

七、思考题

1）如何保证箱体支撑具有足够的刚度？

2）轴承座两侧的箱座、箱盖连接螺栓应如何布置？

3）支撑螺栓凸台高度应如何确定？

4）如何减轻箱体的质量和减少箱体加工面积？

5）各附件有何用途？安装位置有何要求？

八、附录

附录1　实验设备展示

图9-1　单级圆柱齿轮减速器

图9-2　单级锥齿轮减速器

图9-3　双级锥齿轮、圆柱齿轮减速器

图9-4　展开式双级圆柱齿轮减速器

图 9-5　分流式双级圆柱齿轮减速器

图 9-6　同轴式双级圆柱齿轮减速器

图 9-7　单级蜗杆减速器

图 9-8　新型单级圆柱齿轮减速器

附录 2　减速器拆装实验报告

班　级________________ 学　号________________ 姓　名________________
同组者________________ 日　期________________ 成　绩________________

1. 实验目的

2. 实验数据记录表

名　称	符　号	数　据
中心距	a	
中心高	H	
箱盖凸缘的厚度	B_1	
箱盖凸缘的宽度	b	
箱座底凸缘的厚度	B_2	
箱座底凸缘的宽度	K_1	
凸台高度	h	
上肋板厚度	M_1	
下肋板厚度	M_2	
大齿轮端面与箱体内壁的距离	Δ_2	
大齿轮顶圆与箱体内壁的距离	Δ_1	
轴承端面至箱体内壁的距离	l_1	
轴承端面至箱体外壁的距离	l_2	
轴承端盖外圆直径	D	

3. 高速轴部件装配草图

4. 啮合齿轮受力分析

5. 思考题回答

参考文献

[1] 濮良贵，陈国定，吴立言. 机械设计［M］. 9版. 北京：高等教育出版社，2013.

[2] 陈云飞，卢玉明. 机械设计基础［M］. 7版. 北京：高等教育出版社，2008.

[3] 杨可桢，程光蕴，等. 机械设计基础［M］. 6版. 北京：高等教育出版社，2013.

[4] 蒯苏苏，周链，等. 机械原理与机械设计实验指导书［M］. 北京：化学工业出版社，2007.

[5] 陆天炜，吴鹿鸣. 机械设计实验教程［M］. 成都：西南交通大学出版社，2007.

[6] 王洪欣，程志红，付顺玲. 机械原理与机械设计实验教程［M］. 南京：东南大学出版社，2008.

[7] 陈亚琴，孟梓琴. 机械设计基础实验教程［M］. 2版. 北京：北京理工大学出版社，2006.

[8] 吴昌林，张卫国，姜柳林. 机械设计［M］. 3版. 武汉：华中科技大学出版社，2011.

《机械设计实验教程》（第2版）

肖艳秋　李安生　党玉功　主编

读者信息反馈表

尊敬的老师：

您好！感谢您多年来对机械工业出版社的支持和厚爱！为了进一步提高我社教材的出版质量，更好地为我国高等教育发展服务，欢迎您对我社的教材多提宝贵意见和建议。另外，如果您在教学中选用了本书，欢迎您对本书提出修改建议和意见。

机械工业出版社教材服务网网址：http：//www.cmpedu.com

一、基本信息

姓名：________ 性别：_______ 职称：_____________ 职务：______________________

邮编：________ 地址：____

任教课程：____________ 电话：______—__________（H）___________________（O）

电子邮件：____手机：____________________

二、您对本书的意见和建议

（欢迎您指出本书的疏误之处）

三、您对我们的其他意见和建议

请与我们联系：

100037　机械工业出版社·高等教育分社　舒恬　收

Tel：010-88379217，68997455（Fax）

E-mail：13810525488@163.com